U0388668

0～12个月

宝宝养育图典

沈振宇 ◎主编

黑龙江科学技术出版社
HEILONGJIANG SCIENCE AND TECHNOLOGY PRESS

图书在版编目（CIP）数据

0～12个月宝宝养育图典 / 沈振宇主编. -- 哈尔滨 ：
黑龙江科学技术出版社，2018.4
（科学育儿）
ISBN 978-7-5388-9534-6

Ⅰ. ①0… Ⅱ. ①沈… Ⅲ. ①婴儿－哺育－图解
Ⅳ. ①TS976.31-64

中国版本图书馆CIP数据核字(2018)第022079号

0～12个月宝宝养育图典

0～12 GE YUE BAOBAO YANGYU TUDIAN

主　　编	沈振宇
责任编辑	闫海波
摄影摄像	深圳市金版文化发展股份有限公司
策划编辑	深圳市金版文化发展股份有限公司
封面设计	深圳市金版文化发展股份有限公司
出　　版	黑龙江科学技术出版社
	地址：哈尔滨市南岗区公安街70-2号　邮编：150007
	电话：（0451）53642106　传真：（0451）53642143
	网址：www.lkcbs.cn
发　　行	全国新华书店
印　　刷	深圳市雅佳图印刷有限公司
开　　本	685 mm×920 mm　1/16
印　　张	13
字　　数	120千字
版　　次	2018年4月第1版
印　　次	2018年4月第1次印刷
书　　号	ISBN 978-7-5388-9534-6
定　　价	39.80元

前言
PREFACE

当得知自己即将成为爸爸妈妈后，很多准爸爸妈妈已经抑制不住心中的激动与喜悦，一种神圣而又复杂的感情油然而生，迎接小宝宝的到来成为一件值得期待而又幸福的事。

宝宝降临人世后，父母除了有收获爱的结晶的喜悦与幸福之外，还意味着要开始承担对新生命的呵护与关爱，更多了一份责任。但是作为初为父母的我们，要经历很多的"第一次"：第一次给宝宝喂奶、第一次给宝宝洗澡、第一次给宝宝穿衣服，甚至第一次听到宝宝喊爸爸妈妈等等之类。可是很多人发现要照料好宝宝日常的一切其实并不容易，甚至很多新手父母因缺乏这方面的经验而时常感到手足无措。

宝宝在0～12个月这个阶段生长发育得特别迅速，是人一生中生长发育最旺盛的阶段。同时，这一阶段也是宝宝身体最为娇弱且最需要精心呵护的时期。这个时期，不仅要关心宝宝的身体发育，而且要注意开发宝宝的语言能力和早期智力，通过一系列的良好早教行动为宝宝以后的生长发育打下坚实的基础。

本书以0～12个月宝宝的成长时间为序，以图文并茂的形式，详细介绍了宝宝从出生到满12个月之间的成长过程中生长发育的特点、饮食喂养的方法和日常护理注意事项等内容，同时介绍了针对宝宝生长过程中常见疾病的防治及日常保健方法。如新生儿作为人生长过程中的一个较为特殊的阶段，本书将之单独列出并进行了详细的讲解，不仅介绍了新生儿的生长与发育特点、新生儿的喂养与健康等内容，还另外提供了培养新生儿良好习惯的方法以及如何对新生儿进行早期能力训练等内容作为参考。本书提醒并解决了很多育儿过程中可能被忽略的问题，相信本书可以为初为父母的读者提供很好的参考，为0～12个月宝宝的健康成长提供全面的呵护。

本书内容丰富、图文并茂、语言简洁、通俗易懂，科学系统地对育儿方面的知识进行了详细讲解，具有一定的实用性。希望每一位阅读本书的父母都能从中受益，轻松度过一段奇妙而幸福的育儿时光。

现在就让我们翻开这本书，一起开始小宝宝的养育之旅吧！

目录
CONTENTS

PART 04 7~9个月宝宝的日常护理...113

PART 01

新生儿的
日常护理

从宝宝出生到出生后28天，为新生儿期，共4周。这一阶段，宝宝的免疫功能尚未完善，还没有接触过子宫外环境的各种病原，也没有接触过食物蛋白等抗原性物质，属于宝宝的脆弱期。因此本章将宝宝新生儿时期的养育单独列出，将详细介绍新生儿的正常状态、特殊生理现象和常见问题处理，帮助新生儿父母全面认识和照顾好新生儿。

新生儿的生理特征

小儿脱离母体后，其所处的内外环境发生了根本性变化，适应能力尚不完善，很容易在这期间产生一系列疾病。因此，父母需要给予新生儿特别的护理。

🍄 新生儿的概念

新生儿，指的是胎儿娩出母体并自脐带结扎起，至出生后满28天的这一段时间的婴儿。这时，新生儿的身长为50～53厘米，平均体重为3.0～3.3千克，平均头围达35厘米。

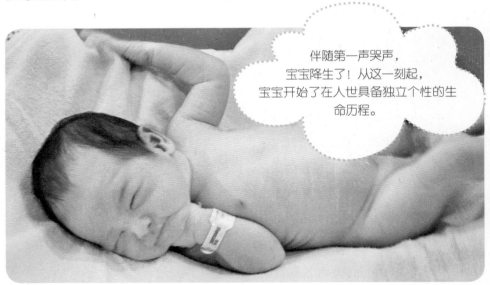

伴随第一声哭声，宝宝降生了！从这一刻起，宝宝开始了在人世具备独立个性的生命历程。

🍄 新生儿的模样

新生儿刚分娩出来的时候，全身布满皱纹，而且睁不开眼睛。看起来脑袋很大，没有脖子，小短腿。皮肤红红的，头发湿润地贴在头皮儿上，四肢蜷曲，小手握紧，哭声非常的响亮。

姿势

刚出生的宝宝差不多一整天（16~20小时）都在睡觉，但是随着小宝宝的不断成长，睡觉的时间会逐渐减少。在第一周，除了吃奶时间外，宝宝几乎都在睡觉，睡觉时蜷缩着身体，类似于胎儿在子宫内的姿势。

头部

新生儿的最大特点之一就是头部大于身体。因为头顶上的五块头骨还未完全闭合，因此能触摸到囟门和柔软的部分。随着骨骼的成长，囟门会在一岁半左右时基本消失。宝宝的扁长头是由于出生过程中的挤压造成的，一般一两周就正常了。

眼睛

在出生后6周之内新生儿看不清周围的事物，但是视力会逐渐好转，慢慢就能看见妈妈了。在出生6周之内或出生的头几天内，新生儿也会偶尔环顾四周，或者注视妈妈的脸。抱起新生儿，新生儿就能与妈妈的眼睛对视。

头发

很多新生儿在胎内已长了头发。新生儿的头发大部分呈黑色，且头发的生长处于休息期，要到一周岁以后才能长出新头发。在这之前，胎内生长的头发就已全部脱落。宝宝出生30天即可剃掉胎发。

肚脐

新生儿出生后的1~2分钟内脐带就被结扎，脐带残端在3~7天自行干瘪脱落，宝宝体内的脐断端则需经过3~4周完全闭合。这段时间内新生儿脐带的断端成为自然伤口，要防止细菌从创面侵入脐部，引起脐炎。

胸部

不管是男婴还是母婴，乳房都向外凸出，有时还会流出乳汁，但是如果挤奶就容易感染。这在新生儿是一种比较正常的生理现象，过了头几周，就能恢复正常状态。

♣ 新生儿的睡眠

新生儿每天的睡眠时间约为20小时。这是由于新生儿脑组织尚未发育完全，所以其神经系统的兴奋持续时间较短，容易疲劳，每天睡眠多达16～20小时。美国科学家按照新生婴儿睡眠和觉醒的不同程度分为6种意识状态：两种睡眠状态——安静睡眠（深睡）和活动睡眠（浅睡）；三种觉醒状态——安静觉醒、活动觉醒和哭；另一种是介于睡眠和觉醒之间的过渡形式，即瞌睡状态。

安静睡眠状态

这时的新生儿面部肌肉放松，双眼闭合，全身除偶尔的惊跳及轻微的嘴动以外，没有其他的活动，呼吸均匀，处于完全休息状态。

活动睡眠状态

这时新生儿的双眼通常是闭合的，眼睑有时颤动，经常可见眼球在眼睑下快速运动；手臂、腿和整个身体偶尔有些活动；脸上常有微笑、皱眉、努嘴、做怪相等表情；呼吸稍快且不规则。新生儿在睡醒前通常处于这种活动睡眠状态。

瞌睡状态

通常发生在入睡前或刚睡醒后，这时新生儿的双眼半睁半闭，眼睛闭合前眼球通常向上滚动，目光显得呆滞，反应变得迟钝，有时会有微笑、噘嘴、皱眉及轻度惊跳，新生儿处于这种睡眠状态时，要尽量保持安静的睡眠环境。

♣ 新生儿的外部感觉

外部感觉是指接受外部刺激，反映外界事物特性的感觉，如视觉、听觉、嗅觉、味觉和触觉。现在让我们来认识一下新生儿的外部感觉具体是怎样的。

视觉

婴儿出生时对光就有反应，眼球呈无目的的运动。1个月的新生儿可注视物体或灯光，并且目光随着物体移动。过强的光线对婴儿的眼睛及神经系统有不良影响，因此新生儿房间的灯光要柔和，不要过亮，光线也不要直射新生儿的眼睛。

听觉

刚出生的婴儿，耳鼓腔内充满着黏性液体，妨碍声音的传导，随着液体的吸收和中耳腔内空气的充满，听觉的灵敏性逐渐增强。新生儿睡醒后，妈妈可用轻柔和蔼的音调和他/她说话，或播放柔美的音乐，但音量要小。

触觉

新生儿的触觉很灵敏。轻轻触动其口唇便会出现吮吸动作，并转动头部。触其手心会立即紧紧握住。哭闹时将其抱起会马上安静下来。他们最敏感的部位是嘴唇、前额、眼睑，以及手掌、脚掌等。

嗅觉和味觉

新生儿的嗅觉比较发达。刺激性强的气味会使他/她皱鼻、不愉快。新生儿的味觉也相当发达，能辨别出甜、苦、咸、酸等味道，如果吃惯了母乳再换奶粉，他/她会拒食；如果每次喝水都加果汁或白糖，以后再喂他/她白开水，他/她就不喝了。

新生儿触觉发达，当身体不同部位受到刺激时会做出不同的反应。

新生儿的呼吸、体温、皮肤

新生儿的呼吸中枢和体温调节中枢发育都不成熟，功能较弱。

呼吸

由于呼吸中枢发育不成熟，肋间肌较弱，新生儿的呼吸运动主要依靠膈肌的上下升降来完成，常表现为呼吸表浅，呼吸节律不齐，即呼吸忽快忽慢。新生儿头两周呼吸较快，每分钟约40次以上，个别可达到每分钟80次，尤其在睡眠时，呼吸的深度和节律呈不规则的周期性改变，甚至可出现呼吸暂停，同时伴有心率减慢，紧接着有呼吸次数增快、心率增快的情况发生。这是正常现象。

体温

由于体温中枢发育尚未完善，体温的调节能力差，因此新生儿的体温不易保持稳定，容易受环境的影响而发生变化。故当新生儿从母体娩出后1~2小时内，体温会下降约2.5℃，然后会慢慢回升至正常体温。

皮肤

足月新生儿皮肤红润，皮下脂肪丰满。新生儿的皮肤有一层白色黏稠样的物质，称为胎儿皮脂，主要分布在面部和手部。皮脂具有保护作用，可在几天内被皮肤吸收，但如果皮脂过多地聚积于皮肤褶皱处，应给予清洗，以防对皮肤产生刺激。

🍄 新生儿的大小便

新生儿大小便是判断宝宝是否健康的一个重要标准。

大便

新生儿会在出生后的12小时之内，首次排出墨绿色大便，这是胎儿在子宫内形成的排泄物，称为胎便。新生儿可排这种大便两三天，以后逐渐过渡到正常新生儿大便。如果新生儿在出生后24小时内都没有排出胎便，就要及时看医生，以排除有肠畸形的可能。正常的新生儿大便呈金黄色、黏稠、均

匀、颗粒小、无特殊臭味。新生儿白天大便的次数是三四次。喂母乳的新生儿消化的情况比较好，大便的次数较多；吃奶粉的新生儿大便比较容易变硬或便秘。

小便

新生儿在出生过程中或出生后会立即排尿1次。90%的新生儿在出生后24小时内会排尿，如新生儿超过48小时仍无尿，应找原因。新生儿的尿液呈淡黄色且透明，但有时排出的尿会呈红褐色，这是因为尿中的尿酸盐结晶所致，2~3天后会消失。出生几天的新生儿因吃得少，加上皮肤和呼吸可蒸发水分，每日仅排尿3~4次。这时，应该让新生儿多吮吸母乳，或多喂些水，尿量就会多起来。

🍄 新生儿的几个能力

新生儿与我们大人一样拥有很多能力，如运动能力、语言能力等，但与我们相比，新生儿的这几个能力与我们有很多差别，一起来了解一下。

运动能力

新生儿出生后就具备了较强的运动能力，如果让他/她俯卧，他/她会慢慢地抬起头转向一侧，这时用手掌抵住他/她的脚，他/她还会做出爬行的样子。新生儿有

许多令人惊叹的运动本领还将在与父母的交往中继续发展。新生儿觉醒状态时的躯体运动是宝宝和父母交往的一种方式。当父母和宝宝说话交流时，宝宝会出现与说话节奏相协调的运动，如转头、抬手、伸腿等。这些自发的动作虽然简单，但一点一滴都代表着宝宝身体的成长变化，所有的这些常常会使年轻的父母欣喜异常。

语言能力

宝宝呱呱坠地的第一声啼哭，是他/她人生的第一个响亮音符。在生命的第一年里，宝宝的语言发展经过了三个阶段：第一阶段（0～3个月），为简单发音阶段；第二阶段（4～8个月），为连续发音阶段；第三阶段（9～12个月），为学话阶段。宝宝1个月内偶尔会吐露"ei，ou"等声音，第2个月会发出"m，ma"声。宝宝的这种咿呀语，很多的时候并不是在模仿大人，他们这样做是为了听到他们自己的声音，他们还用不同的声音表示不同的情绪。咿呀语和真正的语言不同，它不需要去教，但父母可以通过微笑和鼓励增加宝宝咿咿呀呀的次数。

🌲 新生儿的社会关系

新生儿的社会关系，总的来说是非常简单的，他们主要是同照看人发生接触，而一般情况照看人是父母。如果是别的人，如保姆、祖父母等，情况也是一样的。

与母亲的关系

母亲和婴儿之间，彼此不用语言就能很好地交流和沟通。当婴儿需要母亲的时候，母亲似乎总是恰好准备要去看小宝宝；而当母亲去看宝宝的时候，宝宝也似乎总是正在等待着她的到来。这种紧密协调的关系被称为母婴同步。

据观察，仅仅出生几个星期的婴儿在接触母亲时就会睁开和合上眼睛。母亲和她的小宝宝之间存在着类似"交谈"的方式。这

样的交流到底是如何进行的呢？一个母亲也许会凝视着她的小宝宝，平静地等待着他/她说话、做动作。当小宝宝天真地做出了反应时，母亲也许通过模仿婴儿的姿势，或者对着婴儿微笑，说某些事情来回答婴儿。母亲每做一次这样的回应，中间都略有停顿，以给婴儿一个轮流"说话"的机会，好像婴儿在这种交流中是一个很有能力的人。

与父亲的关系

在对宝宝的影响方面，父亲和母亲确实有很大的差异。比如，父亲和母亲同宝宝玩同样的游戏，但他们的方式不同。父亲的游戏往往倾向于出现激动的情形，比如，有些父亲喜欢忽而把宝宝高高举起，忽而又放在床上。

同母亲相比，父亲总是喜欢用更多的时间与孩子玩，而不是"交谈"。但无论是母亲还是父亲，都能以适当的形式与他们的小宝宝之间发生相互促进，这是毋庸置疑的。所以应当相信，父亲和母亲在培养、教育自己的子女中有着同样的作用。因此，留出优质的时间给宝宝吧！

与照看人的关系

依恋是指婴儿和照看人之间亲密的、持久的情绪关系，表现为婴儿和照看人之间相互影响和渴望彼此接近，主要体现在母亲和婴儿之间。依恋的形成和发展分为四个阶段：前依恋期、依恋建立期、依恋关系明确期、目的协调的伙伴关系。新生儿期主要表现为前依恋期。前依恋期即出生至2个月，宝宝对所有的人都做出反应，不能将他们进行区分，对特殊的人（如亲人）没有特别的反应。刚出生时，他们用哭声唤起别人的注意，他/她似乎懂得，大人绝不会对他们的哭声置之不理，肯定会与他们进行接触。随后，他/她用微笑、注视和咿呀语与大人进行交流。这时的婴儿对于前去安慰他/她的人没什么选择性，所以，此阶段又叫无区别的依恋阶段。

新生儿如何护理

新生儿免疫功能低下，体温调节功能较差，因而易感染，护理起来必须细心、科学、合理。

❀ 新生儿的特殊生理现象

宝宝初到人世，身体还很娇弱，需要父母的呵护，宝宝才能健康地成长！在临床上新生儿因一些特殊的症状来就诊的并不少见，只是因为年轻的妈妈对新生儿的特殊症状不了解而上医院。因此，父母全面了解新生儿正常的生理特征和特殊的生理现象是十分必要的。

新生儿生理性体重下降

出生后几天内，新生儿的体重会有所减轻（减少出生时体重的5%~10%），但是从第七天开始，体重开始重新增加。如果体重明显减轻或持续减轻，就说明新生儿没有吃饱，或者生病了。

如果体重突然减轻，就应该到医院找出导致体重减轻的原因。喂母乳的情况下，提倡按需喂养，即宝宝饿了就喂。因为母乳消化比较快，新生儿胃容量又小，所以新生儿饿得快。

新生儿生理性脱皮

新生儿出生两周左右，出现脱皮现象。好好的宝宝，一夜之间稚嫩的皮肤开始爆皮，紧接着开始脱皮，漂亮的宝宝好像涂了一层糨糊，皮肤干裂开来。这是新生儿皮肤的新陈代谢，旧的上皮细胞脱落，新的上皮细胞生成引起的。出生时附着在新生儿皮肤上的胎脂，随着上皮细胞的脱落而脱落，这就形成了新生儿生理性脱皮的现象，不需要治疗。

有些新生儿在出生后几个月内出现脱发，多数是隐性脱发，即原本浓密黑亮的头发，逐渐变得绵细、色淡、稀疏；极少数是突发性脱发，几乎一夜之间就脱发了。新生儿生理性脱发，大多数会逐渐复原，属于正常现象，妈妈不要着急。目前医学对新生儿生理性脱发，还没有明确的解释。

新生儿生理性黄疸

新生儿出生后2～5天会出现皮肤巩膜黄染现象，在1周内达到高峰，10～14天后逐渐消退，早产儿或低体重儿巩膜黄染现象约持续一个月。巩膜黄染是由于新生儿肝功能发育尚不完善，出生后从母体接受的多余无用的红细胞破裂，胆红素郁积在血液中不能正常代谢所致，对新生儿的食欲和精神均无影响。在自然光线下肉眼观察时，全身皮肤呈淡黄色，白眼球微带黄色，医学上将其称为"生理性黄疸"。

新生儿假月经

部分女婴在出生后5～7天会从阴道流出少量血样分泌物，此称为"假月经"。这是由于孕妇妊娠后雌激素进入胎儿体内，胎儿的阴道及子宫内膜增生，而出生后雌激素的影响中断，增生的上皮及子宫内膜发生脱落所引起的。这些都属于正常生理现象，一般持续1～3天会自行消失。若出血量较多，或同时有其他部位的出血，则是异常现象，可能为新生儿出血症，需及时到医院诊治。

新生儿生理性乳腺增大

部分新生儿，无论是男孩还是女孩，会在出生后3～5天出现乳腺增大，并且有的还会分泌淡黄色乳汁样液体。这是由于母亲怀孕后期，体内的孕激素、催产素经过胎盘传递到新生儿体内，新生儿出生后体内的雌激素发生改变而引起的，一般持续1～2周会自行消失，这属于一种生理现象，家长不必紧张。

新生儿鹅口疮

鹅口疮又称为"念珠菌症"，是一种由白色念珠菌引起的疾病。鹅口疮多累及全部口腔的唇、舌、牙龈及口腔黏膜。发病时先在舌面或口腔颊部黏膜出现白色点状物，以后逐渐增多并蔓延至牙床、上腭，并相互融合成白色大片状膜，形似奶块状，若用棉签蘸水轻轻擦拭则不如奶块容易擦去，如强行剥除白膜，局部会出现潮红，甚至出血，但很快又复生。患鹅口疮的小儿除口中可见白膜外，一般没有其他不舒服，也不发热、不流口水，睡觉吃奶均正常。

引起鹅口疮的原因很多，主要由于婴幼儿抵抗力低下，如营养不良、腹泻及母亲长期用广谱抗生素等所致，也可通过被霉菌污染的餐具、乳头、手等侵入口腔，故平时妈妈应注意喂养的清洁卫生，餐具及乳头在喂奶前要清洗干净。

婴幼儿一旦出现鹅口疮，父母们可采用下列方法来进行处理。首先，可用2%的苏打水溶液少许，清洗口腔后，再用棉签蘸1%的甲紫溶液涂在口腔中，每天1~2次。其次，可用制霉菌素片1片（每片50万单位）溶于10毫升冷开水中，然后涂口腔，每天3~4次。 一般2~3天鹅口疮即可好转或痊愈，如仍未见好转，就应到医院儿科诊治。

新生儿肚脐鼓起

少数的新生儿脐部会有圆形或卵圆形肿块突出，且在孩子哭闹和咳嗽时最为明显，肠管突出脐外形疝。脐疝的发生原因是新生儿脐部未完全闭合，肠管自脐环突出至皮下而致。新生儿得了脐疝一般不需要治疗，绝大多数

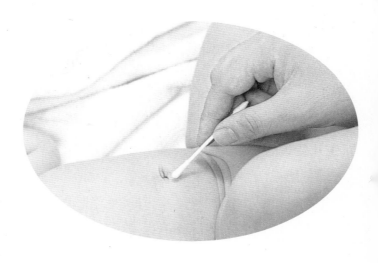

宝宝可以随着年纪的增长和两侧腹直肌发育，一直到2岁前可自行愈合。

新生儿尿布疹

新生儿的下半身经常跟被尿液和其他排泄物弄湿的尿布接触，因此新生儿的柔软皮肤容易受到刺激。由于受尿液的主要成分氨的影响，新生儿的皮肤容易出现被称为氨皮肤病的皮疹。另外，洗尿布时，如果不把洗涤剂冲洗干净，就容易刺激皮肤，一般情况下，由于白色念珠菌感染，容易导致被称为"脂溢性皮炎"的皮肤炎症。为了防止皮肤发疹，必须经常更换尿布，然后涂抹保护新生儿皮肤的护肤霜。

🍄 新生儿身体护理

很多父母在宝宝刚出生后不久为了把宝宝打理得漂亮干净，往往会对宝宝进行身体某些部位的修理或装扮，殊不知，如果没有用科学的方法进行护理或根本不了解护理的正确方法，反而会适得其反，对小宝宝的健康造成损害。

新生儿囟门的护理

新生儿囟门指新生儿出生时头顶有两块没有骨质的"天窗"，医学上称为"囟门"。一般情况下，新生儿头顶有两个囟门，位于头前部的叫前囟门，位于头后部的叫后囟门。前囟门于1.0～1.5岁时闭合；后囟门于生后2～4个月自然闭合。囟门是人体生长过程中的正常现象，用手触摸前囟门时会有如触摸脉搏一样的搏动感，这是由于皮下血管搏动引起的。很多人把新生儿囟门列为禁区，不摸不碰也不洗。其实，必要的保护是应该的，但是连清洗都不允许，反而会对新生儿健康有害。新生儿出生后，皮脂腺的分泌加上脱落的头皮屑，常在前后囟门部位形成结痂，若不及时洗掉反而会影响皮肤的新陈代谢，引发脂溢性皮炎。

新生儿脐带的护理

在宝宝出生后24小时，就应将包扎脐带的纱布打开不再包扎，以促进脐带残端干燥和脱落。处理脐带时，应先洗干净双手，然后用左手捏起脐带，轻轻提起，右手用消毒酒精棉签围绕脐带的根部进行消毒，将分泌物及血迹全部擦掉，每日进行1~2次，以保持脐根部清洁。

一般情况下，宝宝的脐带会慢慢变黑、变硬，1~2周后自然脱落。如果宝宝的脐带2周后仍未脱落，就要仔细观察脐带的情况，只要没有感染迹象，如红肿或化脓等，也没有大量液体从脐窝中渗出的话就不用担心。另外，可以用酒精给宝宝擦拭脐窝，使脐带残端保持干燥，以加速脐带残端脱落和肚脐愈合。

新生儿生殖器的护理

男婴包皮往往较长，很可能会包住龟头，内侧由于经常排尿而湿度较大，容易隐藏脏垢，同时还会形成一种白色的物质（称为包皮垢），具有致癌作用。因此，在为宝宝清洗生殖器时，需要特别注意对此处的清洗。清洗时动作要轻柔，将包皮往上轻推，露出尿道外口，用棉签蘸清水绕着龟头做环形擦洗。阴囊与肛门之间的部位叫会阴，这里也会积聚一些残留的尿液或是肛门排泄物，也须用棉签蘸清水擦洗干净以避免感染细菌。

在为女婴清洗生殖器时要将其阴唇分开，用棉签蘸清水由上至下轻轻擦洗。在清洗新生儿生殖器时忌用含药物成分的液体和皂类，以免引起外伤、刺激和过敏性反应。

新生儿指甲的护理

新生儿的指甲长得非常快，有时一个星期要修剪两三次，为了防止新生儿抓伤自己或他人，应及时为其修剪指甲。洗澡后指甲会变得软软的，此时也比较容易修剪。修剪时要牢牢抓住宝宝的手，用小指甲压着新生儿手指肉并沿着指甲的自然线条进行修剪，不要剪得过深以免刺伤手指。一旦刺伤皮肤，可以先用干净的棉签擦去血渍，再涂上消毒药膏。另外，为防止新生儿用手指划破皮肤，剪指甲时要将指甲剪成圆形，并保证指甲边缘光滑。如果修剪后的指甲过于锋利，最好给新生儿戴上手套。

🌳 新生儿如何洗澡

　　初产母亲最烦恼的事情之一就是给宝宝洗澡。其实，给宝宝洗澡也不是很难的事情，只要从容易洗的部位开始慢慢地洗，就能轻松地给宝宝洗澡。

洗澡前的准备

　　首先要做的是将洗浴中需要的物品备齐，如要换的婴儿包被、衣服、尿片以及小毛巾、大浴巾、澡盆、冷水、热水、婴儿爽身粉等。最好使室温维持在一般人觉得最舒适的26～28℃，水温则以37～42℃为宜。可在盆内先倒入冷水，再加热水，再用手腕或手肘试一下，使水温恰到好处。

洗澡的顺序

　　🐞 1.先洗头面部，将婴儿用布包好后把身体托在前臂上置于腋下，用手托住头，手的拇指和中指放在婴儿耳朵的前缘，以免洗澡水流入耳道。用清水轻洗面部，由内向外擦洗。头发可用婴儿皂清洗，然后再用清水冲洗干净。

　　🐞 2.洗完头面部后，脐带已经脱落的新生儿可以撤去包布，将身体转过来，用手和前臂托住新生儿的头部和背部，注意头颈部分不要浸入到水里，以免洗澡水呛入口鼻。清洗时由上向下，重点清洗颈部、腋下、肘窝和腹股沟等处。

　　🐞 3.洗完腹面再洗背面，用手托住婴儿的胸部和头，由上到下清洗背部，重点洗肛周和腘窝。洗毕立即用干浴巾包裹，然后在皮肤皱褶处涂少许爽身粉。

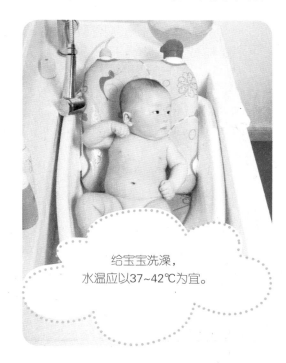

给宝宝洗澡，
水温应以37~42℃为宜。

🌲 新生儿衣物清洗

新生儿的皮肤娇嫩，如果不注意对新生儿衣物的清洁与保存，就容易引发小儿皮肤发痒、红疹、脂溢性皮肤炎等。正确清洗新生儿的衣物，需注意以下几点。

01 新衣服需清洗

新生儿的衣物买回来就要先清洗，清洗一方面能减少服装加工过程中的化学品残留，另一方面可以通过紫外线杀菌消毒。

04 漂白剂要慎用

借助漂白剂使衣服显得干净的办法并不可取，因为漂白剂对宝宝皮肤极易产生刺激，漂白剂进入人体后，能和人体中的蛋白质迅速结合，不易排出体外。

02 要与成人衣物分开洗

要将宝宝的衣物和成人的衣物分开洗，避免交叉传播细菌。成人活动范围广，衣物上的细菌相对要多。

05 反复清洗很重要

用清水反复过水洗两三遍，直到水清为止。残留在衣物上的洗涤剂或肥皂才能完全洗净。

03 用洗衣液代替洗衣粉

宝宝的贴身衣物会直接接触宝宝娇嫩的皮肤，而洗衣粉含有磷、苯、铅等多种对人体有害的物质，长时间穿着留有这些有害物的衣物会使宝宝皮肤粗糙、发痒。

06 及时清理污垢

孩子的衣服沾上奶渍、果汁、菜汁是常有的事。沾上了马上就洗，是保持衣物干净如初的有效方法；也可把衣服用苏打水浸一段时间后，再用手搓。

☘ 新生儿日常用品

　　宝宝刚刚出生，日常生活中哪些用品是必不可少的呢？要为新生儿准备什么呢？每一个妈妈在孕期都在考虑这个问题，只有详细地了解了这方面的内容才能更好地照顾宝宝。

新生儿衣物的选择

　　准备衣服时，必须注意以下两点。第一，新生儿成长的速度很快，因此要尽量买大一点儿的衣服。第二，根据自己的生活水平购买合适的新生儿衣服。第一次购买新生儿衣服时，最好准备稍微大一点儿的衣服。亲手给新生儿制作衣服时，最好制作成出生6个月的新生儿能穿的衣服。虽然大衣服好，但是给新生儿穿一岁新生儿的衣服，新生儿就会被埋在衣服里面，因此要选择合身的衣服。

　　室内温度较高时，可不穿毛衣。最好选择便于穿戴的衣物。棉料衣服比毛料衣服好。在幼儿期，如果头部暴露在外面容易失去热量，因此外出时最好戴帽子。另外，一定要穿内衣。一般情况下，要准备开襟内衣。

新生儿餐具的选择

　　新生儿的餐具至少要包括：不锈钢小奶锅1个，200毫升以上容量的奶瓶2个，100毫升的喝水用奶瓶1个，模拟软硅胶奶嘴5个以上，水杯2个，专用小暖瓶1个，配奶专用小勺2个。

　　新生儿的餐具必须要选择对婴儿健康无害的、无色透明的制品，如选用塑料材质的则应确保其无特殊异味，为了引起婴儿的兴趣可以选择外部有浅色素花的餐具。目前市场上有各种材质的婴儿餐具，每种都有其利弊，父母应该根据不同月龄宝宝的特点以及不同的用途，选择合适的餐具。

新生儿尿布的选择与使用

婴儿新陈代谢旺盛，大小便次数多，尿布是新生儿和小婴儿必备的日常用品，因此新生儿尿布的选择不可忽视。应选用柔软、吸水性强、耐洗的棉织品，如旧棉布、床单、衣服都是很好的备选材料。也可用新棉布，充分揉搓后再用。新生儿尿布的颜色以白、浅黄、浅粉为宜，忌用深色，尤其是蓝、青、紫色的。尿布不宜太厚或过长，以免长时间夹在腿间造成下肢变形，也容易引起污染。尿布使用前要清洗消毒，在阳光下晒干。纸尿裤要选择透气好且符合宝宝身材的。使用布料尿布时，为了防止尿液渗漏，最好使用能防水的尿布套。

婴儿车和其他婴儿用品

为婴儿购买重要物品时，必须选择适合婴儿生活模式的用品。在婴儿经常随父母坐车的情况下，最好使用折叠式婴儿车。必须选择又轻又坚固，而且带有篮子的婴儿车。篮子里可以携带简单的婴儿用品和喂奶用品。

大部分婴儿车都自带厚厚的垫子和安全带，如果没有这些物品，应该单独购买。使用婴儿车时，必须使用垫子。春季最好购买带有遮阳板的婴儿车。如果在汽车座椅上安装了固定装置，就能用安全带固定婴儿。选择固定装置时，必须购买带有安全装置的固定装置。

外出时，可以方便地使用婴儿背带或包布。背婴儿时，可以从前面或后面系婴儿背带。另外，在家中哄宝宝睡觉时，可以使用包布。购买步行器材时，应该选择适合婴儿身高的、可以调节高度的步行器，并配有轮子自锁装置，在危险的地方能防止婴儿到处走。

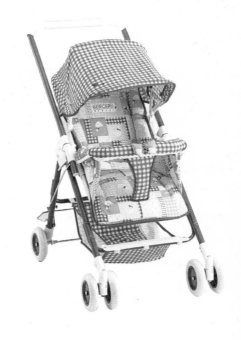

🍄 早产儿的护理

胎儿未满37周，体重小于2500克，身长不足45厘米的新生儿，称为早产儿。宝宝提前降生到世间，各种器官和生理功能都不成熟。

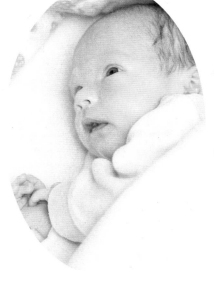

注意呼吸

早产儿因呼吸中枢未成熟，故呼吸不规则，常会出现呼吸停止现象，如果停止时间超过20秒以上，并伴有发绀，这是局部或全身因血液中低氧，皮肤和黏膜呈现青色症状。这是早产儿发出的危险信号，父母要特别地留心。

注意保暖

早产儿因体温调节中枢发育不全，皮下脂肪少，易散热，加上基础代谢低，因此体温常为低温状态，所以要特别注意维持体温正常，同时要注意洗澡时的室内温度和水温。

注意喂养

哺乳早产儿以母乳为最佳，如果实在不能进行母乳喂养，可用蒸发乳代替。一份蒸发乳加一半水，再加5%～10% 的蔗糖比较适宜。母乳化奶粉也可使用。母乳喂养不可限次数，按需喂哺。对不能吮乳的早产儿，可用滴管缓缓滴入，待有能力吮乳后，再直接喂哺母乳，或用奶瓶喂养。

防止感染

由于早产宝宝全身各个器官的发育不够成熟，故对各种感染的抵抗力极弱，即使轻微感染也可能会发展为败血症。因此，在护理时，除了专门照看宝宝的人外，最好不要让其他人接近早产儿，减少病毒传播的机会。专门照看宝宝的人，在给宝宝喂奶或做其他事情的时候，应换上干净清洁的衣服并洗净双手。

🍄 培养新生儿的好习惯

虽然新生儿出生不久，每天只知道吃奶、睡觉、玩耍，但是父母要从这时就开始利用宝宝最初的条件反射，让宝宝逐渐养成一些良好的生活习惯。

培养新生儿的睡眠习惯

白天睡觉要定点，对于精力旺盛的宝宝来说，睡觉不是件容易的事情，白天要适当让宝宝活动一下、翻翻身、抬抬头、做做操，每次时间不要太长。这样，体力被消耗了的宝宝就很容易睡觉，但注意不要让宝宝玩得太累。晚上睡觉要定点，不要抱着睡或边拍边睡、摇晃床、口含乳头或吮吸手指。另外，新生儿睡眠时最好采取侧卧的姿势。因为新生儿出生时会保持在胎内的姿势，四肢仍屈曲，为了使其把出生时吸入的羊水等顺着体位流出，应让宝宝采用侧卧的姿势，头部可适当放低些，以免羊水呛入呼吸道内。

培养良好的卫生习惯

从新生儿开始就要培养定时洗澡、清洁卫生的习惯。1个月的新生儿新陈代谢很快，每天排出的汗液、尿液与粪便等会刺激他/她的皮肤，而新生儿的皮肤十分娇嫩，表皮呈微酸性。如果不注意皮肤清洁，一段时间后，在皮肤皱褶处如耳后、颈项、腋下、腹股沟等处容易形成溃烂甚至感染。臀部包裹着尿布，如不及时清洗，容易患尿布皮炎。因此，要经常替他/她洗去乳汁、食物及汗液、尿液及粪便。当然，如果不能每天洗澡，也应每天洗脸、手及臀部。在冬天每周可洗澡 1 ～ 2 次。

新生儿对疾病的抵抗力很弱，易感染各种疾病。从小培养宝宝爱清洁的好习惯，可以使新生儿少生病，保持身体健康。而且只有保持良好的卫生习惯，才能让宝宝感觉到清爽舒适。

🍄 新生儿早期训练

早期教育必须从新生儿开始，这是由新生儿发育的特殊性决定的。这些特殊性表现为大脑发育的可塑性。大脑的可塑性是大脑对环境的潜在适应能力，是人类终身具有的特性。年龄越小，可塑性也越大。

视觉能力训练

新生儿的视力虽弱，但他/她能看到周围的东西，甚至能记住复杂的图形，喜欢看鲜艳有动感的东西，所以家长这时要采取一些方法来锻炼宝宝的视觉能力。宝宝在吃奶时，可能会突然停下来，静静地看着妈妈，甚至忘记了吃奶，如果此时妈妈也深情地注视着宝宝，并面带微笑，宝宝的眼睛会变得很明亮。这是最基础的视觉训练法，也是最常使用的方法。

宝宝喜欢左顾右盼，极少注意面前的东西，可以拿些玩具在宝宝眼前慢慢移动，让宝宝的眼睛去追视移动的玩具。宝宝的眼睛和追视玩具的距离以15~20厘米为宜。训练追视玩具的时间不能过长，一般控制在每次1~2分钟，每天2~3次为宜。

除了用玩具训练宝宝学习追视外，还可以把自己的脸一会儿移向左，一会儿移向右，让宝宝追着你的脸看，这样不但可以训练宝宝左右转脸追视，还可以训练他/她仰起脸向上方的追视，而且也可以使宝宝的颈部得到锻炼。

听觉能力训练

胎儿在妈妈体内就具有听的能力，并能感受声音的强弱、音调的高低，还可分辨声音的类型。因此，新生儿不仅具有听力，还具有声音的定向能力，能够分辨出发出声音的地方。所以，在新生儿期进行宝宝的听觉能力训练是切实可行的。

除自然存在的声音外，我们还可人为地给新生儿创造一个有声的世界。例如：给新生儿买些有声响的玩具，如拨浪鼓、八音盒、会叫的鸭子等。此外，可让新生儿听音乐，有节奏的、优美的乐曲会给新生儿安全感，但放音乐的时间不宜过长，也不宜选择过于吵闹的音乐。

触觉能力训练

触觉是宝宝最早发展的能力之一，丰富的触觉刺激对智力和情绪的发展都有着重要影响。爸爸妈妈应该多与宝宝接触，这样不但能增进亲子关系，更能为宝宝未来的成长和学习打下坚实的基础。

越是年龄小的宝宝，越需要接受多样的触觉刺激。父母平时可以多给宝宝一些拥抱和触摸，一方面传递爱的讯息，另一方面增加宝宝的触觉刺激。还可以用不同材质的毛巾给宝宝洗澡，让宝宝接触多种材质的衣服、布料、寝具等，给宝宝不同材质的玩具玩。

动作能力训练

宝宝只有抬起头视野才能开阔，智力才可以得到更大发展。不过，由于新生儿没有自己抬头的能力，还需要爸爸妈妈的帮助。当宝宝吃完奶后，妈妈可以让他/她把头靠在自己肩上，然后轻轻移开手，让宝宝自己竖直片刻，每天可做四五次。

宝宝在新生儿期就有向前迈步的先天条件反射，宝宝如果健康没病，情绪又很好时，就可以进行迈步运动的训练。做迈步运动训练时，爸爸或妈妈托住宝宝的腋下，并用两个大拇指控制好宝宝的头，然后让宝宝光着小脚丫接触桌面等平整的物体，这时宝宝就会做出相应而协调的迈步动作。尽管宝宝的脚丫还不能平平地踩在物体上，更不能迈出真正意义上的一步，但这种迈步训练对宝宝的发育和成长无疑是有益的。

新生儿的喂养

新生儿的喂养是一个充满艰辛和困难的历程，但同时又是充满快乐和幸福的过程，怎样才能做到正确喂养新生儿，让他/她健康成长呢？接下来将详细介绍新生儿喂养的知识和技巧，为家长提供必备的实用知识，让新手爸爸妈妈学会育儿！

🍄 新生儿喂养原则

新生儿期比其他各时期更需要营养素。新生儿营养是否充足关系到新生儿的生长发育，关系到新生儿的体质和患儿的康复。因此，为了保证新生儿营养的供给，减少或避免新生儿生理性体重减轻，新妈妈应了解新生儿的营养需求。

坚持用母乳喂养

俗话说："金水、银水，不如妈妈的奶水。"母乳喂养不仅对婴儿身心的健康成长意义重大，而且也有利于母亲产后尽快恢复。

母乳，尤其是初乳，最适合新生儿生长发育需要。它含有新生儿生长所需的全部营养成分。母乳中含有促进大脑迅速发育的优质蛋白、必需的脂肪酸和乳酸，其中在脑组织发育中起着重要作用的牛磺酸的含量也较高，所以说母乳是新生儿期大脑快速发育的物质保证。

喂奶的正确方法

为了保证正确哺乳，每次喂奶前应做好以下的准备工作：把已湿的尿布换掉，使婴儿舒适地吃奶，吃奶后可立即入睡。母亲在换完尿布后，把手洗净，以免污染乳头和乳晕。哺乳时，应使婴儿把乳头和乳晕都含入口内，这样既可使婴儿的两侧口角没有空隙，防止吞入空气，又可以使婴儿的吮吸动作有效地压缩和振动位于乳晕下的乳腺集合管，促使更多的乳汁吸入口内。

妈妈喂奶的姿势以盘腿坐和坐在椅子上为好。哺乳时，将婴儿抱起略倾向自己，使婴儿整个身体贴近自己，用上臂托住婴儿头部，将乳头轻轻送入婴儿口中，使婴儿用口含住整个乳头并用唇部贴住乳晕的大部或全部。

妈妈要注意用食指和中指将乳头的上下两侧轻轻下压，以免乳房堵住婴儿鼻孔影响呼吸，或因奶流过急呛着婴儿。奶量大，婴儿来不及吞咽时，可让其松开奶头，喘喘气再吃。

喂奶时间与次数

分娩后30分钟内哺乳为宜，研究表明，尽早开始喂奶对母子健康好处多，可以促进母乳分泌和子宫恢复。新生儿（出生28天内）是要按需哺乳的，"不要看表，应该看婴儿"。喂母乳的时间跟数学公式不同，没有唯一的正确答案。

6周内，最好间隔两个小时哺乳一次。随着月龄的增加，再逐渐减少哺乳次数。在前几周内，未确定合适的哺乳次数和婴儿所需的摄取量之前，只要婴儿想吃奶，就应该随时喂母乳。给新生儿喂奶是每侧乳房10分钟、两侧20分钟最佳。因为就一侧乳房喂奶10分钟来看，最初2分钟内新生儿可吃到总奶量的50%；喂到4分钟就可吃到80%~90%；8~10分钟后，乳汁分泌极少了。故每次喂奶不宜超过10分钟。

特殊情况下的母乳喂养

剖宫产手术后，如果母亲和新生儿都很健康的话，仍可以进行母乳喂养。但母亲有心脏损伤或有其他生命危险的情况下，就不能进行母乳喂养。剖宫产新生儿常常因麻醉剂作用而显得无生气，不过除非药物过量，一般新生儿不会受到影响。但是，如果在新生儿出生 48 小时后，母亲仍需止痛药，就应该在哺乳后服用，这样才能使母乳中的药物含量减少。

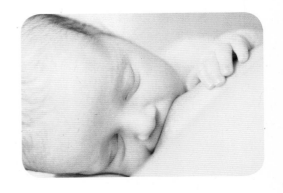

　　早产儿不成熟的程度及机体的健康程度会影响哺乳喂养的效果，从而不得不考虑采取相应的喂养措施。母亲应该用手挤奶或用吸奶器来维持供奶，直到新生儿能够在乳房上进行正常吮吸。被挤出或吸出的奶应妥善贮存，以备通过软管或者小匙、小杯喂养新生儿。早产儿要尽量由母亲自己好好哺乳，因为早产儿母亲的乳汁比足月新生儿母亲的乳汁中蛋白质含量高80%，因此这种乳汁特别适合早产儿的需要。

　　有些母亲可以同时喂养两个新生儿（双乳房同时喂养），这时喂养姿势显得尤其关键（请见前文叙述）。无论母亲坐着或躺着，要保证新生儿能够靠着母亲腹部。如果生下双胞胎，那么关于宝宝的喂养，可以请教一下保健医生。

如何判断宝宝是否吃饱

　　喂母乳1个月之后，大部分妈妈都能知道婴儿是否吃饱了，但是出生后几周内，很难判断婴儿的吃奶情况。下面是第一次当妈妈的产妇介绍的几种判断婴儿吃奶状态的方法。

01 检查排尿量

　　出生后3天内，如果充分地喂母乳，不添加任何辅食的婴儿每天能用6～8张尿布（纸质尿布4～6张）。如果婴儿能充分地排尿，就不用担心脱水症状。

02 观察大便的颜色

　　婴儿的大便会从黏糊糊的黑色大便转变成绿色、褐色大便。如果母乳变成深乳白色，婴儿的大便也会变成黄色。只要婴儿的大便呈黄色，就说明婴儿充分地吃奶了。

03 测量宝宝体重

　　新生儿时期，宝宝每天体重能够增加30克。一般家庭缺乏精密的体重仪，可以一周给宝宝称一次，如果体重每周增加在200克以上，就说明宝宝吃饱了。

如何清洗奶瓶

准备物品：清洗篮、奶瓶清洁刷（ 大、小各1支 ）、奶瓶清洁剂、奶瓶。下面一组图为奶瓶清洗物品汇总图

奶瓶清洗步骤

01：将奶瓶清洁剂放入清洗篮中。

02：放入清水，以淹过奶瓶身为宜。

03：拆解奶瓶瓶身、瓶盖、奶嘴盖，再全部放入清洗篮中。

04：用大刷子清洗瓶身和瓶盖，尤其要特别清洗瓶身的螺纹。

05：使用小刷子清洗奶嘴头，尤其是奶嘴孔要特别仔细清洗。

06：使用流动的水，将奶瓶和其他物品都清洗干净即可。

🍄 人工喂奶的方法

人工喂奶与母乳喂养一样，也要按时喂养，第一次喂奶可以先冲30毫升左右，如果能吃完，第二次可以冲50～60毫升。到宝宝满月后，食量会增加到每顿90～110毫升，一天需要500～900毫升的配方奶。人工喂养的频率及判断宝宝是否吃饱的方式与母乳喂养的宝宝基本一致。

配方奶温度要适宜

配方奶的温度应以50～60℃为宜。在喂奶前要检查一下奶的温度。

检查奶的流速

喂奶前要提前检查好奶的流速，合适的流速应该是在瓶口向下时，牛奶能以连续的奶滴状流出。

让奶瓶里进点空气

喂奶前应该要把奶瓶的盖子略微松开一点儿，以便空气进入瓶内，以补充吸出奶后的空间。否则奶瓶瓶内容易形成负压使瓶子变形，让宝宝的吸吮也会变得非常费力。

刺激宝宝吸吮奶嘴

在喂奶前，可以轻轻地触碰宝宝靠近妈妈一侧的脸蛋，诱发出宝宝的吸吮反射。当宝宝把头转向你的时候，顺势把奶嘴送入宝宝的嘴里。

吃奶后立即拿开奶瓶

当宝宝吃过奶后，妈妈要轻缓且及时地移去奶瓶，以防宝宝吸入空气。

保持安静舒适的环境

给宝宝喂奶时，一定要找一个安静、舒适的地方坐下来，不要把宝宝水平放置，应该让其呈半坐姿势，这样才能保证宝宝的呼吸和吞咽安全。

喂奶时也要注重交流

喂奶的时候，妈妈要密切注视宝宝的眼睛和他/她的表情，不要只是静静地坐着，可以对着宝宝说说话、唱唱歌，或是发出一些能令宝宝感到舒服和高兴的声音。另外吃完奶时可以轻拍宝宝的背部让宝宝打一打嗝。

🍄 新生儿喂养常见问题

对妈妈和婴儿来说，喂母乳是非常幸福的事情。虽然奶粉的质量不断地提高，但是始终无法完全替代母乳。婴儿所摄取的营养不同，发育状态会有明显的差异。要想培养健康的婴儿，母亲应该充分地摄取营养，用母乳帮助婴儿成长发育。

哺乳过程中婴儿哭闹

有些妈妈不知道婴儿不舒服的原因，在哺乳过程中，会经常遇到婴儿哭闹的情况。一般来说，只要抱着婴儿说话，就能使他/她平静下来。如果婴儿的腹部充满气体，就会导致严重的腹痛，腹痛引起宝宝强烈的哭闹。在这种情况下，如果到医院诊察，医生就会开镇定剂等药物。

乳头干裂或疼痛

如果母亲用不自然的姿势哺乳，容易导致乳头干裂或疼痛症状。如果乳头疼痛严重，就应该向医生咨询，然后采用正确的姿势喂乳。只要采取正确的姿势，大部分情况下乳头干裂或疼痛的症状都能好转。另外，喂母乳时，如果吃奶姿势不舒服，婴儿就会咬乳头，因此最好让婴儿用嘴唇和舌头挤压乳晕部位，而且要把乳头深深地放入婴儿的口腔内。乳房严重肿胀时，也会出现乳房疼痛。

流下母乳

婴儿吃一侧乳房内的母乳时，有些妈妈的另一侧乳房也会流下母乳。在这种情况下，应该用吸水纸擦拭乳头，或者在文胸内放纱布。如果听到婴儿的哭声（或者听到其他婴儿的哭声），或者到了哺乳时间，有些妈妈的乳房就会出现这些状况。一般情况下，在哺乳初期容易出现这种情况，之后会逐渐消失。

乳房严重肿胀

在婴儿出生后一周内，第一次生成母乳时，流向乳房的血液会急剧增多，因此母乳的生产量和婴儿的摄取量不平衡。在这种情况下，容易出现乳房肿胀的现象，也说明母乳的分泌量远远超过婴儿的摄取量。换句话说，乳晕部位的乳房组织内充满了乳液。出现这种情况时，可用拇指和食指轻轻地挤压乳晕内侧，就能挤出乳晕部位的母乳。

打嗝与溢奶

让新生儿打嗝的益处是将吸入的空气排出来。孩子可能会因为吃奶时或吃奶前啼哭而吸入空气，因此，哺乳后，应该立起婴儿，并轻轻拍打后背，这样就可以减少孩子的不舒服感。

新生儿经常发生溢奶现象，这是由于下食管、胃底肌发育差，胃容量较少，呈水平位所致。要防止溢奶，应于喂奶后将孩子竖直抱起，轻轻拍背部，使孩子打个嗝，把吃奶吸进胃里的空气排出来。

母乳不足

怎样保证有充足的奶水，这是许多母亲和即将做母亲者最关心的问题。

🌸 1.婴儿吮吸乳头是促进乳汁分泌的最好生理刺激。所以产妇要做到尽早喂（即要在感到奶胀前就让婴儿吸奶）、勤喂、坚持喂，早晚奶水才会源源不断。这可以说是保证奶水充足的窍门。

🌸 2.注意夜间哺乳，因为夜间产生的泌乳素是白天的50倍。夜间哺乳可以保证乳汁持续的分泌。

🌸 3.饮食要保持平衡和富含蛋白质，孕期不宜吃大量过于精加工的糖类食物，还需适量进食粗粮。

🌸 4.产妇应尽可能多休息，应与孩子保持"同步"。也就是说，孩子饿了，就喂哺；孩子睡了，产妇就应把握时间休息。特别是在产后前几周更是如此。

🌸 5.采用母乳喂养孩子时，每天应多喝些液体补充水分。

🌸 6.如果由于外出或者生病不能给孩子哺乳时，应该把乳汁挤出，以保持乳腺管畅通。

新生儿的疾病与健康

新生儿阶段，宝宝的免疫系统还没有建立完善，很容易受病毒和细菌入侵进，而导致多种疾病，而且这段时期宝宝身体非常娇弱，稍有闪失就可能导致严重的后果。因此，爸爸妈妈们日常一定要留意宝宝的身体情况，如出现异常要及时诊治。

✿ 新生儿常见疾病

新生儿常见疾病中有很多要急需到医院接受治疗，但是过一段时间，大部分症状都能自然地消失。下面将详细介绍新生儿常见疾病的主要症状，以及相应的治疗方法。

产伤

新生儿产伤是指分娩过程中因机械因素对胎儿或新生儿造成的损伤。主要包括产瘤与头颅血肿两种。

产瘤（先锋头）产瘤是头部先露部位头皮下的局限性水肿，又称为头颅水肿或先锋头，主要是由于产程过长，先露部位软组织受压迫所致。最常见的表现为头顶部形成一个质软的隆起，产瘤在数日内可消失，无须特殊治疗，更不用穿刺，以免引起继发感染。

头颅血肿是头颅骨膜下出血形成的血肿，主要是由于分娩时胎头与骨盆摩擦，或负压吸引时颅骨骨膜下血管破裂，血液积留在骨膜下所致。表现为新生儿出生后数小时到数天颅骨出现肿物，迅速增大，数日内达极点，以后逐渐缩小。头颅血肿不需治疗，一般数月后会自行消失。

肚脐炎症

分娩时剪切的脐带留在新生儿的肚脐上，但是过几天就会脱落。一般情况下，脐带脱落的部位有很小的伤痕，但是很快就会痊愈。

如果脐带周围被细菌感染，肚脐会潮湿，而且会流出分泌物。大多数能自然地恢复，但感染严重时就需要进行治疗。在日常生活中，必须保持肚脐周围的清洁。

新生儿黄疸

　　50%的新生儿出生后会出现黄疸，常常是因为新生儿肝脏不能快速代谢胆红素所致。黄疸首先出现在头部，随着胆红素水平升高，可扩展到全身。如果分娩时有产伤，新生儿可能会患上黄疸，因为大量血液在损伤处分解会形成更多胆红素。早产儿则是因为肝脏不成熟，容易出现黄疸。其他原因如感染、肝脏疾病、血型不兼容等也会引起黄疸，但并不常见。

　　黄疸又分为生理性和病理性黄疸。生理性黄疸（即暂时性黄疸）在出生后2～3天出现，4～6天达到高峰，7～10天消退。早产儿黄疸持续时间较长，除有轻微食欲不振外，无其他临床症状。但个别早产儿血清胆红素过低也可发生胆红素脑病。对生理性黄疸应警惕以防对病理性黄疸的误诊或漏诊。

新生儿败血症

　　新生儿败血症多在出生后1～2周发病，是一种严重的全身性感染性疾病。此病主要是因细菌侵入血液循环后繁殖并产生毒素引起，常并发肺炎、脑膜炎，危及新生儿生命。造成新生儿败血症的原因很多，如果家长粗心大意，往往被忽视。病情严重时常是肺炎、脐炎、脓疱疹等多方面的感染同时存在，出现发热持续时间较长或体温不升、面色灰白、精神萎靡、吃奶不好、皮肤黄疸加重或两周后尚不消退，以及腹胀等症状。目前对新生儿败血症的治疗比较有效，如无综合征，治疗效果会更好，不会留下后遗症。

新生儿肺炎

　　新生儿肺炎是临床常见病，四季均易发生，以冬春季为多。如治疗不彻底，易反复发作，影响孩子发育。小儿肺炎临床表现为发热、咳嗽、呼吸困难，也有不发热而咳喘重者。根据致病原因可分为吸入性肺炎和感染性肺炎。新生儿在患肺炎后，多出现拒乳、拒食现象。

新生儿窒息

新生儿窒息，是指胎儿娩出后仅有心跳而无呼吸或未建立有规律呼吸的缺氧状态。严重窒息是导致新生儿伤残和死亡的重要原因之一。新生儿窒息与胎儿在子宫内环境及分娩过程密切相关，凡影响母体和胎儿间血液循环和气体交换的原因都会造成胎儿缺氧而引起窒息。

新生儿便秘

喂母乳的健康新生儿一般一周排便1次。新生儿大便坚硬，排便困难，或者排便次数很少的情况称为便秘。如果排出坚硬的大便，新生儿就会很疼痛，而且偶尔导致肛裂、出血等症状。

新生儿湿疹

新生儿，特别是人工喂养者，易在面部、颈部、四肢，甚至是全身出现颗粒状红色丘疹，表面伴有渗液，即为新生儿湿疹。湿疹十分瘙痒，会致使新生儿吵闹不安。湿疹在出生后10~15天即可出现，以2~3个月的宝宝最严重。病因多与遗传或过敏有关，患湿疹的宝宝，长大后可能对某些食物过敏，如鱼、虾等，家长要留心观察。

🍄 新生儿患病如何喂养

当婴儿生病时，家长除了对疾病本身关心和着急外，另一件关心的事一定是婴儿的喂养问题。生病后多数婴儿都会不思饮食，这时家长就会不知所措。专家建议婴儿患病时，只要宝宝想吃，就可以坚持用母乳喂养。

腹泻

母乳喂养的新生儿患腹泻者较少，即使患有腹泻，其程度要比人工喂养者轻得多，痊愈也较快，体力恢复得较好。新生儿患轻度腹泻时，应该坚持母乳喂养。如有轻度脱水现象时，在两次喂奶期间可添加糖盐水。只有在新生儿拒绝吃奶并伴有呕吐时，才可暂停母乳喂养12~24小时。但在此期间母亲必须把奶挤出来，以保持乳腺管的畅通。待新生儿能饮水时，即可恢复母乳喂养。

发热

母乳喂养的新生儿由于不断从母乳中得到许多人工喂养儿所不能得到的免疫物质，所以受感染的机会相对减少，发热的发生率也低，程度也低，恢复健康也快。因此当孩子即使发热时也完全不必停止母乳喂养，反而应该增加哺乳次数。虽然发热时往往会出现新生儿拒奶现象，但此时是最需要补充液体的时候。所以作为母亲，要耐心地、尽可能多地给予新生儿充分地喂哺。

上呼吸道感染

新生儿主要用鼻子呼吸，当鼻子堵塞时就会发生呼吸困难，尤其是哺乳时，新生儿往往啼哭、拒绝，有时候甚至会出现青紫症状。引起上呼吸道感染最常见的原因是感冒。感冒时鼻黏膜分泌物增多，从而堵塞鼻腔而引致呼吸困难。爸爸妈妈

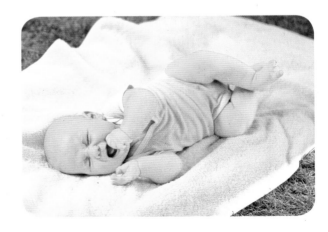

平时就要注意做好宝宝的鼻腔护理。如果宝宝是由于感冒等情况导致鼻黏膜水肿引起的鼻塞，可以用湿毛巾热敷宝宝的鼻根部，就可以有效缓解鼻塞；如果发现宝宝有鼻涕的话，可以用柔软的毛巾或纱布沾湿捻成布捻后，轻轻放入宝宝的鼻道，再向反方向慢慢地边转动边向外抽出，把鼻涕带出鼻道；如果是由于鼻腔分泌物造成的阻塞，可以用小棉棒将分泌物轻轻地卷拨出来。

肠绞痛

肠绞痛在乳儿中较多见，一般多发生在出生3个月以内的健康新生儿中。主要表现为在特定的时期内无明显诱因的阵发性哭闹。一般多见于晚上，哭闹时两腿屈曲，轻度腹胀，并可听到较响的肠鸣音。新生儿肠绞痛不是一个很严重的问题，在新生儿出生 3 个月后会自然消失。一旦发生肠绞痛，父母应抱着新生儿做些活动，轻抚新生儿，使他/她安静下来。还可以用手掌在孩子的腹部按顺时针方向慢慢地揉动，或者用手指按揉肩胛区的天宗穴，以消除痉挛，帮助肠内气体排出。

🍄 宝宝疫苗接种

小小疫苗，健康保障。在养育宝宝的过程中，预防胜于治疗，通过给宝宝进行预防接种，提升宝宝抵抗疾病的能力。同时，及时进行健康检查也是保证宝宝们健康成长的必要步骤。有些疫苗是在宝宝后期才会接种的，这里提前做出介绍，以提醒各位爸爸妈妈，早做预防。

"预防接种"及操作方法

预防接种是指根据疾病预防控制规划，按照国家和省级的规定，由合格的接种单位和人员给适宜的接种对象接种疫苗，以提高人群的免疫水平，达到预防和控制传染病发生和流行的目的。人们将相应的生物制品（抗原或抗体）接种于易感者机体，使其发生免疫反应，从而产生对疾病的特异抵抗力，这样的人工免疫方法称为预防接种，也就是打防疫针。

预防接种的目的是为了预防疾病的发生和传染，具体的操作方法是：通过将疫苗接种在健康人的身体内，使人在不发病的情况下产生预防接种抗体，获得特异性免疫，如接种卡介苗能预防肺结核、种痘能预防天花等。婴儿在出生后3~6个月时，通过胎盘从母体中获得的抵抗力已开始下降并消失，因此需要进行预防接种来形成免疫，以保护机体免受疾病的侵袭。一旦免疫形成，传染给病原体的记忆就留在体内，就能保证被接种者具有相应的免疫力。此外，对于一

些具有传染性的疾病，预防接种也能起到很好的控制作用。

接种前的准备

宝宝做了预防接种，并非就不会感染疾病。首先，预防接种并非为"不感染上病原菌"服务，而是以"即使感染也不会发病"为宗旨。因此，在接种期间，若宝宝体力不支，预防接种也就没有效果，而身体也可能会在预防接种产生免疫力之前发生感染。此外，由于对于一种疾病对应接种一种疫苗，故没有接受相应疫苗接种的疾病，身体是会发生感染的，所以家长不可视预防接种为万能药。所以爸爸妈妈应在宝宝接种前做好如下工作：

🍄 1.在接种前一天为宝宝洗浴，清洁肌肤。

🍄 2.在出门之前测量其体温，如果超过37℃时，应该向医生咨询。

🍄 3.《疫苗流通和预防接种管理条例》中明确规定:医生在实施接种前，应该告诉妈妈关于宝宝所接种疫苗的品种、作用、禁忌、不良反应以及注意事项，询问宝宝的健康状况以及是否有接种禁忌等，并如实记录情况。妈妈们应当了解预防接种的相关知识，并如实提供宝宝的健康状况和接种禁忌等情况。

🍄 4.最好由熟知宝宝健康状况的人带去接种，知道宝宝在相应的年龄段该接种何种疫苗，何种疫苗可以预防哪种传染性疾病等。

宝宝预防接种疫苗

不同的疫苗可以用于不同的疾病，目前我国进行免疫接种的有卡介苗、脊髓灰质炎疫苗、百白破三联疫苗、麻疹疫苗、甲肝疫苗、乙肝疫苗等。

卡介苗

卡介苗是一种用来预防结核病的预防接种疫苗，接种后可使儿童产生对结核病的特殊抵抗力。卡介苗接种后可降低结核病的患病率和死亡率，一次接种的保护力可达10~15年。卡介苗在婴儿出生后即可接种，若出生时没接种，可在2个月内接种。

百白破三联疫苗

百白破三联疫苗即百白破制剂，该制剂是将百日咳菌苗、精制白喉类毒素及精制破伤风类毒素混合制成，可同时预防百日咳、白喉和破伤风，接种该疫苗后能提高婴幼儿对这几种疾病的抵抗能力。

脊髓灰质炎疫苗

脊髓灰质炎又叫小儿麻痹症，是由于小孩的脊髓、脊神经受病毒感染后引起的疾病，目前还没有有效的治疗方法，但可通过使用疫苗进行预防。脊髓灰质炎疫苗是一种口服疫苗丸剂，宝宝出生后按计划服用糖丸，可有效地预防脊髓灰质炎。

麻疹疫苗

麻疹传染性很强。麻疹疫苗是预防麻疹最有效措施。麻疹疫苗是一种减毒活疫苗，接种反应较轻微，免疫持久性良好，婴儿出生后按期接种可以预防麻疹。

乙肝疫苗

乙肝疫苗用于预防乙型肝炎。我国使用的主要有乙型肝炎血源疫苗和乙肝基因工程疫苗两种，适用于所有可能感染的乙肝者。其中乙型肝炎血源疫苗具有安全、高效等优点。

我国是乙肝的高发国家，人群中乙肝病毒表面抗原阳性率达10%以上，而注射乙肝疫苗是控制该病的最有效措施之一。

乙脑疫苗

乙脑疫苗是预防流行性乙型脑炎（简称乙脑）的有效措施。乙脑是由黄病毒科虫媒病毒——乙脑病毒引起的一种侵害中枢神经系统的急性传染病，主要通过蚊虫叮咬而传播，人和许多动物感染乙脑病毒后都可以成为乙脑的传染源，常造成患者死亡或留下神经系统后遗症。目前我国已将此疫苗纳入了计划免疫程序之中，对所有健康儿童均予以接种。

流脑疫苗

流行性脑脊髓膜炎（简称流脑），是由脑膜炎双球菌引起的化脓性脑膜炎。多见于冬春季，儿童发病率高。注射流脑疫苗是预防流行性脑脊髓膜炎的有效手段。国内目前应用的是用A群脑膜炎球菌荚膜多糖制成的疫苗，用于预防A群脑膜炎球菌引起的流行性脑脊髓膜炎，接种对象为6个月至15周岁的儿童和少年。

🍄 宝宝的体检

宝宝的健康直接影响到整个家庭的幸福。在养育宝宝的过程中，除了预防接种外，检查婴幼儿的成长是否顺利、是否健康是非常重要的。

宝宝体检三要素

1个月到3岁的婴幼儿，常规体检的项目有体重、身长、头围，这三项被视为婴儿发育的重要指标，也是婴幼儿体检必不可少的内容，父母可通过这些指标来大致判断宝宝的健康状况。

01 头围

1岁以内是一生中头颅发育最快的时期。测量头围的方法是用塑料软尺从头后部后脑勺凸出的部位绕到前额眼眉上边。小儿生后头6个月头围增加6~10厘米，1岁时共增加10~12厘米。

02 身长

婴儿在出生后头3个月身长每月平均长3.0~3.5厘米，4~6个月每月平均长2厘米，7~12个月每月平均长1.0~1.5厘米，在1岁时约增加半个身长。

03 体重

新出生的宝宝的正常体重为2.5~4.0千克。头3个月婴儿体重每月约增750~900克，4~6个月平均每月增重600克左右，7~12个月平均每月增重500克，1岁时体重约为出生时体重的3倍。健康婴儿的体重上下均不应超过正常体重的10%，超过20%就是肥胖症，低于平均指标15%以上应尽早去医院检查。

宝宝的五次健康检查

除了体重、身长、头围这些标准外，婴幼儿在不同时期应进行多次体检，0~12个月宝宝需要进行5次体检，以确保宝宝的成长状态是健康的。如果在养育宝宝的过程中，家长们有些什么疑惑或担心时，可以拨打社区儿童体检科的电话，

请儿童保健医生做专业的分析和判断，这样不仅能对孩子的营养保健做出及时的指导，还能及早发现病症，予以治疗。

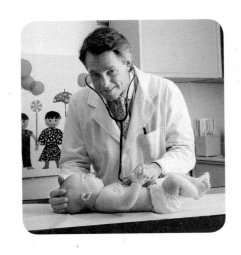

01 第一次体检

当婴儿出生第42天时，可进行第一次体检。此时要检查宝宝的视力是否能注视较大的物体，双眼是否很容易追随手电筒光单方向运动。肢体方面，宝宝的小胳膊、小腿是否喜欢呈屈曲状态，两只小手能不能握着拳。

02 第二次体检

当宝宝4个月大时，可进行第二次体检。此时要检查宝宝能否支撑住自己的头部；俯卧时，能否把头抬起并与肩胛呈90°；扶立时两腿能否支撑身体；双眼能否追随运动的笔杆，并且头部也能随之转动。听到声音时，这个时期的宝宝会表现出注意倾听的表情。

03 第三次体检

当宝宝6个月时，可进行第三次体检。此时要检查宝宝的动作发育。这时宝宝会翻身，会坐但还坐不太稳；会伸手拿自己想要的东西，并塞入自己口中。视力方面，身体能随头和眼转动，对鲜艳的目标和玩具可注视约半分钟。

04 第四次体检

当宝宝9个月时，可进行第四次体检。此时可观察宝宝能否坐得很稳，能由卧位坐起而后再躺下，能够灵活地前后爬，扶着栏杆能站立。双手会灵活地敲积木。拇指和食指能协调地拿起小东西。视力方面，能注视画面上单一的线条。

05 第五次体检

当宝宝1周岁时，可进行第五次体检。此时孩子能自己站起来，能扶着东西行走，能手足并用爬台阶；能用蜡笔在纸上戳出点或道道。视力方面，可拿着父母的手指指鼻子、头发或眼睛，大多会抚弄玩具或注视近物。牙齿方面，按照公式计算，应该已经萌出6~8颗牙齿。乳牙萌出时间最晚不应超过1周岁。

🌺 新生儿的体格锻炼

抱、逗、按、捏是新生儿健身简便易行的有效方法，对新生儿的身心健康有着良好的作用。

抱

抱是传递母子感情信息、对新生儿最轻微得体的活动。当新生儿在哭闹不止的情况下，恰恰是最需要抱，从而得到精神安慰的时候。为了培养新生儿的感情思维，特别是在哭闹的特殊语言的要求下，不要挫伤幼儿心灵，应该多抱抱新生儿。

按

按是指家长用手指对新生儿做轻微按摩。按不仅能增加胸背腹肌的锻炼，减少脂肪细胞的沉积，促进全身血液循环，还可以增强心肺活动量和肠胃的消化功能。

捏

捏是家长用手指对新生儿进行捏揉，较按稍加用力，可以使全身和四肢肌肉更紧实。一般先从两上肢至两下肢，再从两肩至胸腹，每行10~20次。在捏揉过程中，小儿胃激素的分泌和小肠的吸收功能均有改变，特别是对脾胃虚弱、消化功能不良的新生儿效果更加显著。

PART 02

1~3个月宝宝的
日常护理

    1~3个月的宝宝，已经开始脱离新生儿的特点。这个阶段的宝宝机体依然非常脆弱，消化系统也尚未完善。与1个月以内的宝宝相比，1~3个月的宝宝在身体活动能力方面有了明显的进步，更为重要的是3个月大的宝宝大脑发育已有了飞跃，先天性的一些反射行为已逐步被自发行为所取代，意识行为已明显增强。

1个月宝宝的生理特征

宝宝在满1个月时，体重会增加约1千克，身长增加约4厘米。

🍀 1个月宝宝的身体特点

外观特征

宝宝出生时皱巴巴的小脸现在已经饱满了不少，宝宝越来越可爱，样子也越来越像爸爸妈妈了。这时的小宝宝运动能力已经有了比较明显的进步，开始变得不安分，喜欢欢快地蹬着小腿或好奇地打量周围的世界。

🍀 1个月宝宝的几项能力

运动、感觉功能

由于宝宝此时的肌肉还处于紧绷状态，因此，宝宝的手足会相当好动，也会常常将头部抬起。此时，宝宝的视力和听力都在快速发展，能定定地看着妈妈的脸，会根据声音和明亮的光线进行脸部移动。宝宝的表情也会变得更加丰富，能经常看到宝宝满足的笑容。

哭声、笑声、语言

宝宝会将妈妈的声音与温暖、食物和舒服联系在一起，因此宝宝很喜欢妈妈的声音。刚满1个月的时候，宝宝的表达方式主要为啼哭和哼叫，家长要细心观察宝宝所需。

2个月宝宝的生理特征

这个月的婴儿已经逐渐适应了新环境，而且比初生时候漂亮了许多，更加招人喜爱，脸部变得饱满圆润，皮肤变得光亮、白嫩，弹性增加，皮下脂肪增厚，胎毛、胎脂减少，头形滚圆。这时的婴儿对白天黑夜有了初步感觉，白天觉醒时间逐渐延长，哺乳量增加，吸吮力增强，哺乳次数减少，四肢动作幅度增大，次数增多，表情更加丰富。小便的次数减少，大便变得有规律，后半夜可持续睡6个小时以上。

🍄 2个月宝宝的身体特点

体重

细心的爸爸妈妈可以发现，经过一个月的生长发育，宝宝的体重比初生时增加了700~1200克。人工喂养的宝宝体重增长更快，可增加1500克，甚至更多。但体重增加程度存在着显著的个体差异。有的这个月仅增加500克，这也不能认为是不正常的，因为宝宝的增长并不是均衡的，而是呈阶梯性或跳跃性，这个月长得慢，只要排除疾病的可能性，下个月也许会出现快速增长。

身高

这个月宝宝身高增长也是比较快的，1个月可长3~5厘米。身高增长也存在着个体差异，但不像体重那样显著，差异比较小。影响身高的因素很多，喂养、营养、疾病、环境、睡眠、运动等。如果身高增长明显落后于平均值，要及时看医生。

头围

　　宝宝的头围是大脑发育的直接象征，反映宝宝幼脑和颅骨的发育程度，因此以往仅被医生重视的头围，现在也被父母重视了。宝宝刚出生时，平均头围为34厘米，到第二个月增长3～4厘米。经常会有爸爸妈妈为了孩子头围比正常平均值差0.5厘米，甚至是0.3厘米而焦急万分，这是没有必要的。事实上，除了先天性疾病，健康的宝宝还是占绝大多数的，有病的宝宝毕竟是极少的。但若是宝宝的头围偏离正常值太多，最好还是到医院做详细的检查，以防万一。

前囟

　　这个月宝宝的前囟大小与新生儿期没有太大区别，对边连线长1.5～2.0厘米。每个宝宝前囟大小也存在着个体差异，不大于3厘米、不小于1厘米都是正常的。爸爸妈妈可能会发现宝宝的前囟会出现跳动，这是正常的。孩子的前囟一般是与颅骨齐平的，过于隆起可能是颅压增高；过于凹陷，可能是脱水，均属异常。

🍄 2个月宝宝的几项能力

视觉和听觉能力

　　这个时期婴儿视觉集中的现象越来越明显，喜欢看熟悉的大人的脸。宝宝眼睛清澈了，眼球的转动灵活了，哭泣时眼泪也多了，不仅能注视静止的物体，还能追随物体而转移视线，注意力集中的时间也逐渐延长。正像孩子生来喜欢人类面孔的程度超过其他图案一样，相对于其他声音，婴儿也更喜欢人类的声音。他/她尤其喜欢母亲的声音，因为他/她将母亲的声音与温暖、食物和舒适联系在一起。一般来说婴儿比较喜欢高音调的女性的声音。在1个月时，即使妈妈在其他房间，他/她也可以辨认出其声音，当妈妈跟他/她说话时，他/她会感到安全、舒适和愉快。

嗅觉能力

在胎儿时期宝宝的嗅觉器官即已成熟，到2个月时宝宝已经能够靠嗅觉来辨别妈妈的奶味了，寻找妈妈和乳头，能识别母乳香味，对刺激性气味表示厌恶。小宝宝总是面向着妈妈睡觉，就是嗅觉的作用。

语言能力

在第二个月期间，你会听到孩子喜欢重复某些元音（啊、啊，哦、哦），尤其是你一直与他/她用清楚、简单的词汇和句子交谈时。另外，孩子发起脾气来哭声也会比平时大得多。这些都是宝宝与父母沟通的方式。

运动能力

在这一个月里，孩子身体的许多运动仍然是反射性的，例如，每次转头时采用的是防御体位（强直性颈反射），并且听到噪声或感到下落时，会伸开手臂（摩罗反射）。另外，宝宝俯卧在床上时，头部可以向上举数秒，面部与床呈45°角，双腿屈曲。直着抱时头已能短时竖起，头的转动更随意。仰卧时身体会呈半控制地随意运动。还会吮吸手指，用小脚踢东西。

互动能力

这个月里，宝宝每天将花费更多的时间观察他/她周围的人并聆听他们的谈话。当看到周围人笑时他/她会感到舒心，他/她似乎本能地知道他/她自己也会微笑，而他/她咧嘴笑或做鬼脸的动作和表情将变为真正对愉快和友善的表达。此时，婴儿开始会表现悲痛、激动、喜悦等情绪了，而且他/她可以通过吸吮使自己安静下来。在宝宝情绪很好时，可以对着他/她做出各种面部表情，使宝宝学会模仿。

3个月宝宝的生理特征

这个月的宝宝正式进入婴儿期，皮肤变得更加细腻有光泽，并且弹性十足，脸部皮肤开始变干净，奶痂消退，湿疹也减轻了，眼睛变得炯炯有神，能够有目的地看东西了。

🍄 3个月宝宝的身体特点

体重

男宝宝在这个月的体重为5～8千克，平均约6.4千克；女宝宝体重为4.5～7.5千克，平均约5.8千克。这个月的宝宝，体重可增加0.90～1.25千克，平均体重可增加1千克。

身高

这个月男宝宝身高为57.3～65.5厘米，平均身高61.4厘米；女宝宝身高为55.6～64.0厘米，平均身高59.8厘米。一般来说，这个月宝宝的身高可增长3.5厘米左右，到这个月末时，身高可达60厘米左右。

头围

头围是大脑发育的直接象征，本月男宝宝的头围平均为40.8厘米左右，女宝宝头围平均为39.8厘米左右，比上月可增长1.9厘米。

前囟

宝宝在这个月前囟和上一个月相比没有较大变化，不会明显缩小，也不会增大。此时的前囟是平坦的，张力不高，可以看到和心跳频率一样的搏动。

🍄 3个月宝宝的几项能力

视觉和听觉能力

此时宝宝的视觉会出现戏剧性的变化，这时宝宝的眼睛更加协调，两只眼睛可以同时运动并聚焦。此时宝宝已具有一定的辨别方向的能力，头能顺着响声转动180°。无论宝宝躺着或被抱着，家长都应在孩子身旁的不同方向用说话声、玩具声逗他/她转头寻找声音来源。

语言能力

这个时期，宝宝语言也有了一定的发展：逗他/她时他/她会非常高兴并发出欢快的笑声；当看到妈妈时，宝宝的脸上会露出甜美的微笑，嘴里还会不断地发出咿呀的学语声；能发的音增多，且能发出清晰的元音，如a、o、u等，似乎在向妈妈说着知心话。

运动能力

在这个月里，孩子曾有过的大部分反射都将在2～3个月达到高峰并开始消失。反射消失后，他/她可能暂时缺乏活动，但他/她的动作将更加细致，而且有目的，将稳定地朝成熟的方向发展。但这时他/她的手眼不协调，显得笨拙，常常够不到玩具。

互动能力

到第三个月末时，孩子可能已经学会用"微笑"与人交流的方法，有时他/她会通过有目的的微笑与你进行"交流"，并且咯咯笑以引起你的注意。他/她也模仿你的面部运动，你说话时他/她会张开嘴巴，并睁开眼睛；如果你伸出舌头，他/她也会做同样的动作。

1~3个月宝宝的日常护理

1~3个月的婴儿皮肤仍然非常娇嫩，调节功能仍较差。这时的婴儿还不能很好地将头竖起来，大小便的次数仍较多。

🍄 如何给宝宝洗漱

1~3个月的宝宝没有自理能力，而且这段时间的宝宝新陈代谢较旺盛，需要经常对宝宝身体进行清理，家长的贴心护理才能使宝宝健康快乐地成长。

洗脸和洗手

随着宝宝的生长，小手开始喜欢到处乱抓，加之宝宝新陈代谢旺盛，容易出汗，有时还把手放到嘴里，因此宝宝需要经常洗脸、洗手。

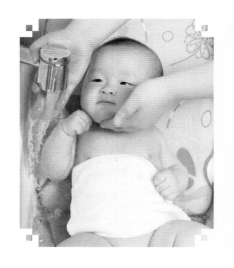

首先，给宝宝洗手时动作要轻柔。因为这时的宝宝皮下血管丰富，而且皮肤细嫩，所以妈妈在给宝宝洗脸、洗手时，动作一定要轻柔，否则容易使宝宝的皮肤受到损伤甚至发炎。

其次，要准备专用洁具。为宝宝洗脸、洗手，一定要准备专用的小毛巾，专用的脸盆在使用前一定要用开水烫一下。洗脸、洗手的水温不要太高，只要和宝宝的体温相近就行了。

此外，要注意顺序和方法。给宝宝洗脸、洗手时，一般顺序是先洗脸，再洗手。妈妈或爸爸可用左臂把宝宝抱在怀里，或直接让宝宝平卧在床上，右手用洗脸毛巾蘸水轻轻擦洗，也可两人协助，一个人抱住宝宝，另一个人给宝宝洗。洗脸时注意不要把水弄到宝宝的耳朵里，洗完后要用洗脸毛巾轻轻蘸去宝宝脸上的水，不能用力擦。宝宝的手心手背都要洗到，洗干净后再用毛巾擦干。

洗头和理发

给宝宝洗头一般每天1次，在洗澡前进行。可根据季节适当调整，如在炎热的夏天，宝宝出汗多，可在每次洗澡时都洗一下头，但不用每次都用洗发水，只用清水淋洗一下就可以了。在寒冷的冬季可两三天洗1次。宝宝洗头宜选用婴儿专用洗发水或婴儿专用肥皂。洗头时，父母可把婴儿挟在腋下，用手托着婴儿的头部，然后用另外一只手为婴儿轻轻洗头。注意不要让水流到婴儿的眼睛及耳朵里面。洗完之后赶紧用干的软毛巾擦干头上的水分。

给宝宝理发可不是一件容易的事，因为宝宝的颅骨较软，头皮柔嫩，理发时宝宝也不懂得配合，稍有不慎就可能弄伤宝宝的头皮。由于宝宝对细菌或病毒的感染抵抗力低，头皮的自卫能力不强，所以宝宝的头皮受伤之后，常会导致头皮发炎或形成毛囊炎，甚至影响头发的生长。

宝宝洗澡

洗澡对宝宝来说好处很多，不仅可以清洁皮肤，促进全身血液循环，保证皮肤健康，提高宝宝对环境的适应能力，还可以全面检查宝宝皮肤有无异常，同时能按摩和活动全身。

这个阶段的宝宝，可以把他/她完全放在浴盆中洗澡了，但要注意水的深度和温度，以清水最好。此外，即使是宝宝专用的沐浴产品也不是绝对安全、无刺激的，故用量宜少不宜多，也不能直接涂在宝宝身上或小毛巾上，正确的做法是直接滴入备好的清水中，稀释了再用。

洗澡时间不宜过长，一般在10分钟左右。时间长了，宝宝会因体力消耗过多而感到疲倦。如果冬天洗澡的时间较长，要不间断地加热水以保持水温，以免宝宝着凉。洗完后用干浴巾包好宝宝上身，将他/她抱出澡盆，让浴巾吸干体表水分。切记不要用浴巾用力擦搓宝宝的皮肤。洗完10分钟后，给宝宝喂一些温水或奶，以补充丢失的水分。

❀ 如何选衣及穿衣

父母对婴儿服的选择，以及给宝宝穿衣的方法对宝宝的身体舒适感会造成较大的影响，因此这方面不可忽视。

婴儿服的选择

爸爸妈妈在给宝宝挑选婴儿服的时候，不能图便宜，但也不是越贵越好，重点在于衣服的材质、款式、做工和质量。目前市场上的婴儿服多数都是纯棉的，爸爸妈妈要根据宝宝的月龄特点选择合适的款式。

如何给宝宝穿衣

很多宝宝不喜欢换衣服，所以应该尽量在他们的衣服弄脏或弄湿时再换。假如宝宝白天穿的衣服很干净，晚上便无须另外换睡衣。最初的几个月，换衣时一定要保持房间的温暖，并且每次都应该先把宝宝抱到非常舒适的地方。

在换衣时，动作要尽量轻柔、迅速，不要手忙脚乱（多加练习，动作自会慢慢熟练起来）。倘若宝宝在光着身子时显得十分沮丧，可以给他/她披一条小毛巾，这样他/她会更加安心。在给宝宝穿衣时，如果坚持和他/她进行眼神的交流、聊天或给他/她唱歌，将大有帮助。等到宝宝再大一些时，你还可以将穿衣变成一项游戏——当你把睡衣从宝宝的头上摘下时，你可以和他/她玩躲猫猫的游戏。

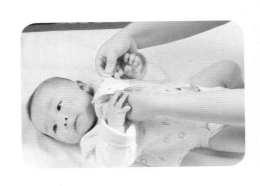

在给宝宝穿背心或紧身衣裤时，尽量用手撑开衣物的领口。这会让你在把衣服往宝宝头上套时更加轻松，而且还能避免衣服刮到宝宝的鼻子或耳朵。套衣服时动作尽量快，因为宝宝不喜欢自己的脸长时间被遮住。

如果是长袖衣服，应尽可能地把袖子往上拉拢。手指穿过袖子，轻轻握住宝宝的小手，将袖子往他/她的胳膊上套，而不要用力拉着宝宝的小胳膊往袖子里穿。穿好一只衣袖后用同样方法再穿另一只。

穿连裤紧身睡衣时，先解开所有的扣子，将衣服平放在床上。把宝宝抱到衣服上来，轻柔而灵活地把裤脚穿到宝宝的脚上。按先前的方法再穿上衣袖。最后从脚部往上扣好衣扣。

如何给宝宝换尿布

需要注意的是，由于男宝宝与女宝宝生理的不同，其日常护理时穿尿布的方式也有所不同。

男宝宝换尿布

在给男宝宝换尿布的时候，可以先把尿布在宝宝的阴茎处稍微停留几秒钟，避免在打开尿布的一瞬间宝宝尿得哪里都是。打开尿布之后，先用纸巾把粪便清理、擦拭干净，再用柔软的毛巾蘸上温水，在宝宝的小肚子、大腿、睾丸、会阴和阴茎部分仔细擦拭。最后再举起宝宝的双腿，把肛门、屁股擦拭一遍后再换上干净的尿布。给男宝宝换尿布特别要注意一些容易被忽视的"卫生死角"的清洁，如鼠蹊部、睾丸等，特别是睾丸。如果睾丸处皮肤长期处于一种潮湿的非清洁状态，除了会让宝宝的肌肤受到极大的伤害之外，还会为宝宝的生殖健康带来一定的危害。

女宝宝换尿布

给女宝宝换尿布，打开尿布，用纸巾把粪便清理、擦拭干净后，用柔软的毛巾蘸上温水，在宝宝的小肚子、大腿、外阴部仔细擦拭。清洗完毕之后要立即用毛巾把小屁股包起来，以免宝宝着凉。然后再举起宝宝的双腿，擦干肛门和小屁股之后换上干净的尿布。在将女宝宝的肛门清理干净之后，必须要用温水再清洗一下，因为如果只是使用擦拭的方式的话，还是会留下一些排泄物在皮肤上面的。

培养宝宝的好习惯

一个良好的生活习惯能给你的宝宝带来健康，为以后宝宝的成长打下基础。从宝宝降生的第一天开始，年轻家长们就应该有意识地去培养宝宝良好的生活习惯。

培养良好的饮食习惯

1～3个月的宝宝，还不能靠自己的力量建立起良好的饮食习惯。但是饮食教育从宝宝出生的那一刻起，就应该开始了。爸爸妈妈们应该在宝宝还小的时候，帮助宝宝建立科学的饮食习惯。从2个月开始就可以定时哺乳，哺乳前半个小时不要喂其他食物。哺乳前可以先用语言和动作逗宝宝，以引起他/她进食的兴趣，但不能强迫宝宝进食。

培养宝宝的排便习惯

在满月后就可以为宝宝把大小便了。首先要摸清宝宝每天排大便的时间、排便前的异常表现，再选择合适的把便时间，如早晨起床后，晚上入睡前，或吃饭前，有意识地加以训练，使其每天能定时排便。一般从2个月开始定时进行排便训练，通常宝宝吃完奶或喝完水约10分钟就可以把一次尿，以后每隔1.0～1.5个小时再把次尿。每次把尿的时间不宜太久，否则婴儿会不舒服，甚至产生反感情绪。

父母可以用"嘘嘘"声诱导宝宝排小便，用"嗯嗯"声排大便。经过一段时间训练后，婴儿就会慢慢适应，并能逐渐形成按时排尿排便的习惯。另外，为避免尿床，夜间应该把尿1～2次，把尿的时间应相对固定，形成规律。

培养良好的睡眠习惯

3个月宝宝的睡眠和一两个月时吃饱了就睡的状态相比，醒的时间明显增加了。这时，培养良好的睡眠习惯十分必要。

首先，要给宝宝创造一个良好的睡眠环境，应保证空气流通，温度适宜。其次要保证宝宝定时作息。睡前可有一些准备程序。睡前1个多小时应喂饱宝宝，哺乳后过半个多小时给孩子洗澡、换睡衣。孩子的睡眠姿势不必强求一致，应以他/她感到舒适为宜。另外，有的孩子夜间不好好睡觉是因为白天活动太少了，增加孩子白天户外活动的时间和被动操的运动量往往可见成效。

🍄 如何训练宝宝能力

在这个时期，宝宝的手脚活动更加自由，而且脸部表情也比较丰富。另外，发出"呜呜""咿呀"声音的次数也逐渐增多。家长应注意观察宝宝的情绪，而且不停地跟宝宝对话，或者利用玩具做各种游戏。

运动能力训练

宝宝2个月时，可以在俯卧位抬头呈45°，到3个月时能用双手支撑着挺起头和胸部，上举到90°。抬头训练可以锻炼颈肌、背肌和胸肌的发育。训练宝宝做抬头动作时，拿一个宝宝喜欢的玩具在宝宝面前晃动，当他/她注意到玩具时，再将玩具慢慢抬高，促使宝宝抬起头。

妈妈应学会把孩子面朝前、背靠自己胸腹抱孩子的姿势。宝宝头颈部由于靠在妈妈身上，比较容易竖起头。此时爸爸可在婴儿左右，用玩具逗引他/她，婴儿会随着玩具出现的方向左右转头寻找。这种抱姿为宝宝直视周围环境提供了更多的机会。每次可练习5分钟左右。当宝宝俯卧位练习抬头的同时，匍匐反射依然存在，双下肢仍然会交替做蹬的姿势。这时成人要用手顶住宝宝的足底，给他/她一点儿蹬的力量。这样做有利于促进身体各部分动作协调，促进小儿大脑感觉统合正常发展。

视觉刺激训练

1个多月的宝宝对鲜艳的色彩已有较强的"视觉捕捉力"了，这时可在宝宝的摇篮上悬挂可移动的鲜红色或鲜黄色的玩具，如纸花和气球等，妈妈隔一定时间去摇动一下，以刺激宝宝的注意力和兴趣。这时候应注意悬挂的物体不要长时间地固定在一个地方，以防宝宝发生对视或斜视。大人也可将宝宝竖抱起，在房间布置比较鲜艳的大图片及脸谱，边让宝宝看边与其说话，以训练宝宝的视觉感知能力。

触觉能力训练

触觉是宝宝最早发展的能力之一，丰富的触觉刺激对智力和情绪的发展都有着重要影响。爸爸妈妈应该多与宝宝接触，这样不但能增进亲子关系，更能为宝宝未来的成长和学习打下坚实的基础。宝宝最喜欢紧贴父母的身体，享受父母的拥抱，轻轻依偎着父母的身体会给宝宝带来幸福感和安全感，能让哭闹的宝宝逐渐安静下来。让宝宝停止啼哭的最好办法就是，妈妈温暖的手轻轻抚摸他/她的面部、腹部或背部。即使孩子不哭闹，父母也应学会用温柔的抚摸来表达自己对宝宝的爱护和关怀，坚持给宝宝做抚触训练有利于宝宝的身心健康。

另外，还可以用不同材质的毛巾给宝宝洗澡，让宝宝接触多种材质的衣服、布料、寝具等，也可以给宝宝不同材质的玩具玩。还有就是，在大自然里能得到许多不同的触觉刺激，那是一般家庭环境所缺乏的，如草地、沙地、植物等。

听觉刺激训练

胎儿在后期时听觉已经有所发展，新生儿刚出生时就可以听到声音，但不懂得辨别声音，而3个月的宝宝经常会发出笑声或喃喃自语，会将头转向声音来源，这都是听觉发展的表现。由于婴儿听力的发展存在个体差异，所以父母可以对宝宝进行一定的刺激锻炼。

给宝宝哺乳时，可以播放优美悦耳的轻音乐，使宝宝产生最初的乐感和节奏感。妈妈可以每天给宝宝哼唱摇篮曲，或是反复播放一段优美的乐曲，声音不要太大，这样不仅有利于宝宝入眠，而且能够使宝宝的听觉得到训练。孩子醒着时，父母可用较缓慢的速度、柔和的声调讲话给孩子听，内容要丰富，比如说："你睡好了吗？饿不饿？想不想吃奶啊？"通过这种亲子间的情感和语言交流，让宝宝感受到父母之爱，同时使其听力得到启蒙训练。亲子间的交流和笑声，还能让宝宝很快地识别爸爸和妈妈的声音。

语言刺激练习

出生1~2个月，宝宝的反应并不明显，但是只要积极地跟宝宝说话，并仔细观察，就会发现宝宝在聆听妈妈的话。如果不是因为肚子饿或弄湿尿布哭闹，就可以利用跟宝宝说话的方式让宝宝平静下来。另外，最好看着宝宝，同时抓住他/她的双手亲切地说话。在这种情况下，宝宝会伸直腿部，或者抬起头部，努力做出相应的反应。

出生2~3个月后，大部分宝宝能发出"咿呀"的声音，其实在这之前，宝宝就能用语言表达自己的意愿。当妈妈跟宝宝说话时，宝宝就能通过手脚的活动、表情做出相应的反应。很多人认为，只有宝宝说出"爸爸、妈妈"才算开始说话，但是宝宝学说话的过程并不是瞬间完成的。其实，只有通过跟周围人反复地"对话"，宝宝才能逐渐掌握语言。

社交发展训练

父母要多与宝宝玩耍、交流，逐渐地让宝宝学会认人。通过练习，宝宝会认出你是生人还是熟人，对爸爸妈妈也会做出不同的反应。通常宝宝见到妈妈时会表现出特别的偏爱，如发出声音，或高兴得手舞足蹈。

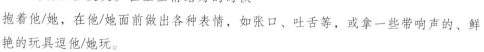

认识多彩的世界。让宝宝多看、多听、多摸、多玩，帮助宝宝认识多彩的世界。如尽量让宝宝多接触各种不同质地的东西，居室的墙壁应当有色彩鲜艳的图案，还可以给宝宝一些五颜六色的图画卡片观看，以丰富宝宝的视觉经验。

逗引宝宝发笑。在宝宝情绪好的时候抱着他/她，在他/她面前做出各种表情，如张口、吐舌等，或拿一些带响声的、鲜艳的玩具逗他/她玩。

🍄 1~3个月宝宝护理知识问答

1~3个月的宝宝的护理有哪些应该掌握的知识呢？该怎么做才正确？让我们一起来学习一下。

整个新生儿期睡眠时间都一样吗?

不是的。新生儿在早期睡眠时间相对较长,大多不分昼夜,每天睡眠可达20小时以上;到了新生儿晚期睡眠时间会明显减少,每天只需16~18小时,并且随着月龄的增加,睡眠时间逐渐减少。

给宝宝测体温时,注意些什么?

🍄 1.给宝宝测量体温要等宝宝安静时再测。

🍄 2.给宝宝测量体温时不应在刚吃完奶后,因为这个时段体温较高。

🍄 3.不要在刚给宝宝洗完澡后测量体温,因为刚洗完澡宝宝体温较低。

母乳喂养的新生儿要喂水吗?

母乳喂养的宝宝不需要额外添加水或者饮料,因为母乳中有90%是水分,已经足够宝宝的身体需要,即便在炎热的夏季,母乳喂养的宝宝也不需要额外喂水。

怎样知道宝宝是冷是热?

环境温度过高或者衣物过多时,宝宝体温会升高,脸色变红,鼻尖会沁出汗珠,有时候会表现出烦躁甚至哭闹。同时宝宝容易出现脱水症状,比如嘴唇发干、脉搏快、尿少、没精神等。

怎样选择放心奶粉?

无论什么牌子的奶粉,其基本原料都是牛奶,只是添加一些维生素、矿物质、微量元素,其含量不同,有所偏重。只要是国家批准的正规厂家生产的、正规渠道经销的奶粉,适合这个月龄宝宝的都可以选用。

1~3个月宝宝的饮食与喂养

婴儿期的喂养的方法及饮食营养对宝宝一生的健康都很重要，与宝宝今后的身体素质及智力水平的发展有着密切的联系，关系着孩子的成长与未来。

🍄 母乳质量与混合喂养

母乳分泌的多少及质量的高低，与母亲自身的营养状况、精神状况以及生活起居有着密切的关系。当母乳不足时就需要补充其他代乳食品，如牛奶、奶粉，使婴儿吃饱，维持正常的生长发育，这种喂养方式称为混合喂养。

如何提高母乳质量

妈妈自身怀有哺乳婴儿的强烈愿望。这是保证泌乳的重要内在动力。做妈妈的一定要有信心，相信自己能有足够的奶水哺育孩子，这是保证泌乳充分的前提。

哺乳妈妈要加强营养以保证乳汁的质量。产后母亲的膳食，既要补充母体因怀孕、分娩消耗所造成的损失，又要保证乳汁量足够多，因此哺乳妈妈的营养供给要高于一般人。哺乳妈妈要吃高蛋白和富含维生素、矿物质的食物。同时，要注意补充水分，水分不足是乳汁分泌不足的原因之一。所以哺乳妈妈要多喝水，多喝一些营养丰富容易出奶的汤类。哺乳妈妈忌偏食或忌口，但要考虑到乳汁的质量和孩子的需求，少吃油腻、辛辣的食物。

哺乳妈妈心情舒畅、精神愉快，可使乳汁分泌充足。哺乳妈妈若经常处于紧张、忧虑、烦躁的状态下，会使乳量减少甚至回奶，因此，家庭气氛和睦，家庭成员体贴关心，会使哺乳妈妈情绪稳定，保证乳汁的分泌。

哺乳妈妈的生活要有规律。睡眠充足、注意休息，会使泌乳量增加；过于操劳会使乳汁分泌减少。因此哺乳妈妈的工作、学习、休息、家务要安排适当，劳逸结合。

哺乳妈妈要忌烟、酒、茶等刺激物。烟中的尼古丁能减少乳汁的分泌，酒中的酒精、茶中的咖啡因和茶碱等成分，可通过乳汁进入婴儿体内，造成婴儿兴奋不安。另外，哺乳妈妈的内衣不宜过紧，以免压迫乳房，影响泌乳。

混合喂养的方法

混合喂养是在确定母乳不足的情况下，以其他乳类或代乳品来补充喂养婴儿的方法。

混合喂养每次补充其他乳类的数量应根据母乳缺少的程度来定。喂养方法有两种。一种是先喂母乳，接着补喂一定数量的牛奶或有机奶粉，这叫补授法，适用于6个月以前的婴儿。其特点是，婴儿先吸吮母乳，使母亲乳房按时受到刺激，保持乳汁的分泌。另一种是一次喂母乳，一次喂牛奶或奶粉，轮换间隔喂食，这种叫代授法，适合于6个月以后的婴儿。这种喂法容易使母乳减少，逐渐地用牛奶、奶粉、稀饭、烂面条代授，可培养孩子的咀嚼习惯，为以后断奶做好准备。

🌿 奶粉的选择方法

现在购买奶粉途径很多，如超市、商场等，都要留好发票、出库单等凭据，并要检查奶粉的生产日期、保质期等。在打开奶粉包装盖或剪开袋时，尽量在1个月内吃完，同时要观察奶粉的外观、性状、干湿、有无结块、杂质等，也要注意奶粉的溶解度、是否粘瓶等。配方奶粉是以母乳为标准，对牛奶进行全面改造，使其最大限度地接近母乳，符合宝宝消化吸收和营养需要的奶粉，是供给婴儿生长与发育所需要的一种人工食品。被用来当作母乳的替代品，或是无法母乳哺育时使用。为婴儿选择合适的奶粉，需注意以下几点：

了解成分和奶源

配方奶粉中最重要的就是其中的组成成分，成分之间量的比例是多少等，都需要专家严格按照规定配制。所以选择奶粉的时候，最好选择专门配制婴儿奶粉的厂家。

生产日期和保质期

奶粉的包装上都会标注制造日期和保存期限，家长应仔细查看，避免购进过期或变质的产品。

有无变质，冲调性

袋装奶粉的鉴别方法则是用手去捏，如手感凹凸不平，并有不规则大小块状物则表明该产品为变质产品；质量好的奶粉冲调性好，冲后无结块，液体呈乳白色，奶香味浓。而质量差或乳成分很低的奶粉冲调性差，即所谓的冲不开，品尝奶香味差，甚至无奶的味道，或有香精调香的香味。淀粉含量较高的产品冲后呈糨糊状。

按宝宝的年龄选择

消费者在选择产品时要根据婴幼儿的年龄段来选择产品，0~6个月的婴儿可选用1段婴儿配方奶粉。6~12个月的婴儿可选用2段婴儿配方奶粉。12个月以上至36个月的幼儿可选用3段婴幼儿配方奶粉、助长奶粉等产品。如婴幼儿对动物蛋白有过敏反应，应选择全植物蛋白的婴幼儿配方奶粉。

越接近母乳成分的越好

母乳中的蛋白质有27%是α-乳清蛋白，而牛奶中的α-乳清蛋白仅占全部蛋白质的4%α-乳清蛋白能提供最接近母乳的氨基酸组合，提高蛋白质的生物利用度，降低蛋白质总量，从而有效减轻肾脏负担。同时，α-乳清蛋白还含有调节睡眠的神经递质，有助于婴儿睡眠，促进大脑发育。选购配方奶时最好选α乳清蛋白含量较接近母乳的配方奶粉。

按宝宝的健康需要选择

早产儿的消化系统的发育较差，可选早产儿奶粉，待体重发育至正常（大于2500克）才可更换成婴儿配方奶粉；对缺乏乳糖酶的宝宝、患有慢性腹泻导致肠黏膜表层乳糖酶流失的宝宝、有哮喘和皮肤疾病的宝宝，可选择脱敏奶粉，又称为黄豆配方奶粉；患有急性或长期慢性腹泻或短肠症的宝宝，由于肠道黏膜受损，多种消化酶缺乏，可用水解蛋白配方奶粉；缺铁的孩子，可补充高铁奶粉。这些选择，最好在临床营养医生指导下进行。

喂奶粉的注意事项

在给宝宝喂奶粉过程中，会有这样那样的问题。妈妈们一定要认清奶粉喂养的误区，不要让自己对宝宝的关爱变成对宝宝的伤害。

看着婴儿喂奶

刚出生时，如果不隔离妈妈和婴儿，妈妈和婴儿之间会产生交流。婴儿会睁大眼睛看着妈妈，妈妈也会抱着婴儿并亲切地看着他/她。这种眼神的交流对于婴儿的成长非常重要。在喂奶粉的过程中，婴儿也会凝视妈妈的脸。此时婴儿还不能熟练地聚焦，但却能看到近处的妈妈。妈妈拿起奶瓶向前稍微弯曲身体，然后默默地看着婴儿，妈妈和婴儿之间就会形成无言的对话，营造出喂母乳的气氛。

妈妈和婴儿对视的姿势最自然

喂奶粉的另一种姿势就是"母婴对视"。妈妈舒适地坐在床、沙发或椅子上面，然后使婴儿的头部朝向自己的膝盖，婴儿的腿部朝向妈妈的腹部。妈妈用一只手抬起婴儿的头部，然后用另一只手抓住奶瓶。在这种姿势下，妈妈就能看着婴儿，因此形成便于交流的气氛。如果采取这种姿势，就能自然地注视对方的眼睛，但是不能任意地接触身体。

关注婴儿

在喂奶粉的过程中，大部分婴儿希望妈妈能全神贯注地看着自己。如果妈妈只关注电视节目，婴儿就会拒绝吃奶。这样，妈妈也逐渐明白只有关注婴儿，宝宝才会开心的道理。此外，有些妈妈在过于疲劳时，会用床沿支撑奶瓶，但是这种方法容易挤压婴儿的鼻子，会导致婴儿窒息。不仅如此，还会失去和婴儿交流的宝贵机会。

不要让婴儿通过奶瓶吸入大量的空气

　　大部分妈妈会使用大口径玻璃奶瓶或塑料奶瓶给婴儿喂奶。这时，给宝宝喂奶粉时，就应该检查奶瓶口是否充满空气。如果奶瓶口充满空气，婴儿就会通过奶瓶吸入大量的空气，因此容易导致腹痛症状。

多冲一点儿奶粉

　　每次冲奶粉时，应该比婴儿正常的摄取量多冲一点儿。如果间隔两小时或者更频繁地给婴儿喂奶，就说明婴儿没有吃饱，或者口渴了。

🍄 如何添加辅食

　　辅食可以补充婴儿营养不足，对成长中的孩子是很重要的，特别是在婴儿阶段的营养给予，更是奠定宝宝一生健康的根基。

菜水、果汁的添加

　　婴儿在满月之后，可以适量地添加一些菜水和果汁，以补充营养素和满足宝宝生长发育的需要。这样不仅可以补充维生素和纤维素，还可以使大便变软，易于排出，而且果汁、菜汁好喝，宝宝比较容易接受。妈妈要注意，在给宝宝喂养菜水和果汁的时候，不要使用带有橡皮奶头的奶瓶，应用小汤匙或小杯，以免造成乳头错觉，逐渐让宝宝适应用小勺喂养的习惯。一般一天喂2次，时间安排在两次喂奶之间，开始的时候可以用温开水稀释，第一天每次1汤匙，第二天每次2汤匙……直至第10天，即10汤匙。需要注意的是，宝宝不愿意吃或吃了就吐时，就不要勉强喂。当宝宝出现腹泻情况时要终止喂果汁。

鱼肝油的添加

母乳中所含的维生素D较少，不能满足婴儿的发育及需求。维生素D主要是依靠晒太阳获得的。其次，食物中也含有少量的维生素D，特别是浓缩的鱼肝油中含量较多。一旦孕妇在孕晚期没有补充维生素D及钙质，婴儿非常容易发生先天性佝偻病，因此在出生后两周就要开始给婴儿添加鱼肝油。

果汁的制作

在不同的季节内选用新鲜、成熟、多汁的水果，如柑橘、西瓜、梨等。制作果汁前爸爸妈妈要洗净自己的手，再将水果冲洗干净，去皮，把果肉切成小块状后放入干净的碗中，用勺子背挤压果汁，或用消毒干净的纱布过滤果汁。制作好果汁后，在其中加少量温开水即可喂哺婴儿，不需加热，否则会破坏果汁中的维生素。

菜水的制作

选用新鲜、深色菜的外部叶子，洗净、切碎，放入干净碗中，再放入盛一定量开水的锅内蒸透，取出后将菜汁滤出，制作好的菜汁中可加少许盐再喂给宝宝。

水分的补充

宝宝的身体比大人更需要水分，除了日常从妈妈的奶水中获取水分，还需要额外补充水分。对于小宝宝，尤其是新生儿来说，白开水是最好的补水选择。因为水是六大营养素之一，不仅能补充宝宝流失的水分，还有散热、调节水和电解质平衡等多种功效。

3个月开始，为了让宝宝逐渐开始吃离乳食，可以开始让他/她喝一些稀释过的果汁。家里鲜榨的或是原味果汁都可以。在喂的量上一定要加以控制，否则就会影响正常的食欲。

1~3个月宝宝的疾患与锻炼

　　一声啼哭是宝宝来到这个世界的证明，也是爸爸妈妈牵系的开始。宝宝在发育成长的过程中，总是会遇到各种各样可预料或不可预料的健康问题，当这些问题出现时，爸爸妈妈只有冷静、理智地处理，才能让宝宝渡过危险，健康成长。

🌳 1~3个月宝宝常见问题

　　1~3个月宝宝的常见疾患很多，平时爸爸妈妈们应多了解这方面的知识，以便于及早发现宝宝疾患问题，并及早诊治。

发热

　　1~3个月的宝宝如果发热度数不高的话，最好使用物理降温，尽量不要给宝宝吃药。可以用温水多给宝宝擦擦身子，特别是腋下、脖子和腹股沟的位置，进行物理降温，还可以用稍凉的毛巾给宝宝擦擦额头和脸部。发热伴有呕吐症状的宝宝会导致体内缺水，所以要保证母乳的量，可以在两次母乳喂奶之间喂1次水；喂配方奶的宝宝则要减少每次喂奶的量，增加喂奶次数，奶嘴的孔不要太大，让宝宝慢慢喝。如果宝宝持续高热不退的话，就应该先到医院请医生诊断，然后根据医生指导服用相关的消炎药和退热药。

腹泻与便秘

　　宝宝发生腹泻，应首先分清是生理性腹泻还是病理性腹泻。宝宝受寒着凉、换用配方奶、奶粉冲调和喂食不当、奶粉过敏或是母乳喂养妈妈吃了某些过敏性、刺激性的食物，都可能引起宝宝腹泻。如果是生理性腹泻的话，爸爸妈妈不需过多担忧；但如果有病理性腹泻的特征时，就要警惕了，必要时立即就医治疗。宝宝除了腹泻之外，便秘也比较多见。相对于母乳喂养，人工喂养的宝宝更易发生便秘，多半是由于配方奶粉中酪蛋白含量过多，导致大便干燥坚硬而引起的。对于这种情况，可以减少奶量、增加糖量，并适当增加新鲜果汁；还可以在牛奶中加一些奶糕，使奶糕中的糖类在肠道内部分发酵后刺激肠蠕动，有助于通便。

鼻塞

非疾病性的鼻塞不需要到医院进行治疗，只需保持室内空气新鲜，湿度、温度适宜，用温湿的毛巾放在宝宝的鼻部进行热敷。如果鼻垢堵在鼻孔口的话，可以用消毒小棉签轻轻将其卷除。如果鼻垢在鼻腔较深处，可先用生理盐水、冷开水或母乳往鼻孔内滴1～2滴，让鼻垢慢慢湿润软化，然后轻轻挤压鼻翼，促使鼻垢逐渐松脱，再用消毒小棉签将鼻垢卷除。不能用手直接抠宝宝的鼻子，以免损伤嫩弱的鼻腔黏膜，引起出血和感染。

常吃手指

这个月龄的宝宝把手指头或整个小手放到嘴里吃是很正常的事，是智力发育的一种现象，这是宝宝运动能力的又一发展，同时也是一个认知世界的过程，爸爸妈妈不必过多干涉和纠正，也不用担心宝宝养成吃手的坏习惯。随着宝宝的慢慢长大以及各种能力的发展提高，吃手的现象会逐渐消失。

百日咳

目前在3个月以内的婴儿中，百日咳仍然有较高的发病率。这个月的宝宝患了百日咳后没有典型痉挛性咳嗽，往往在咳了2～3声后出现憋气、呼吸停止、头面部及全身皮肤因缺氧而发红、发绀，甚至窒息、惊厥等。对于患了百日咳的宝宝，要做好日常的护理和观察，室内环境要保持通风、清新，无烟尘的刺激以及其他不必要的刺激。可以给宝宝身边放一个容器，以便他/她有痰咳出或咳后有呕吐物，容器用后用水洗净，以确保感染不致扩散。此外，还要注意每天仔细观察宝宝的变化，如有发现阵咳后脸色发青的话，就说明已经缺氧了，要立即入院抢救治疗。

拒绝配方奶

人工喂养或混合喂养的宝宝，以前配方奶一直吃得好好的，可在3个月前后可能会突然拒绝配方奶了，甚至一看到奶瓶就会哭闹。这是因为不到3个月的宝宝很难完全吸收配方奶中的蛋白，有一部分是不吸收的，不会为宝宝增加负担。但在快满3个月时，宝宝就能相当程度地吸收了，同时肝脏和肾脏的负担也会增加。当有一天肝脏和肾脏会因为不停地工作而感到疲劳时，宝宝就会拒绝配方奶了。建议妈妈们可以这么做：把配方奶调配得稀一点儿，一天只喂1~2次，每次100~150毫升；把奶放凉一点儿再喂，不要往奶里掺其他东西；多给宝宝喝开水和新鲜果汁；也可以重新换一只奶嘴试试。妈妈最不可取的做法是强迫宝宝吃奶，因为任何时候强迫喂养都可能会导致宝宝厌食。

经常流眼泪

如果发现2个多月的宝宝不哭的时候也总是流眼泪，眼睛里总是泪汪汪的，特别是一只眼睛有眼泪，一只眼睛没有眼泪时，那就是异常的情况，爸爸妈妈需要警惕了，并需要及时到医院请医生诊治。这种情况多数是由于先天性泪道阻塞造成的。先天性泪道阻塞是婴幼儿的常见病，是由于胎儿时期鼻泪管末端的薄膜没有破裂、宫内感染造成泪道受刺激形成狭窄粘连或鼻泪管部先天性畸形所造成的。如果诊治不及时的话，会导致泪囊炎症急性发作并向周围扩张，而泪囊的长时间扩张则会使泪囊壁失去弹力，即使泪道恢复通畅也无法抑制溢泪症状，或是形成永久性的瘢痕的泪道闭塞，导致结膜和角膜炎症，引起角膜溃疡，发展为眼内炎。所以，一旦发生这种症状的话，就应及早进行疏通泪道的治疗，避免并发症发生。

经常打喷嚏

细心的爸爸妈妈会发现自己的小宝宝经常打喷嚏，以为他/她得了感冒，非常着急、不安。如果宝宝只是打喷嚏，没有流鼻水，则不是感冒。这是因为在新生儿鼻孔里沾有灰尘，并与鼻腔里的黏液混在一起形成小块。这些小块异物会刺激上呼吸道的神经，产生瘙痒感，而通过打喷嚏的形式则可将其排出。因此宝宝经常打喷嚏的话，只是宝宝在清除鼻腔中的异物，不一定是感冒了，爸爸妈妈不用过于担心。

乳痂

新生儿的皮脂腺分泌能力比较旺盛，皮脂容易溢出，因此要经常帮新生儿洗澡、洗头。如果没有常常洗头，就容易在头上形成"乳痂"。若有了乳痂，绝对不可以一块块地揭开来，以免损伤头皮，造成感染。而新生儿的皮肤薄、血管多，具有较强的吸收能力，容易吸收药物，因此也不能随意在乳痂上涂抹药物，以免造成药物刺激。最好的方式是用棉球沾一些含有2%水杨酸的花生油，每日擦在乳痂处数次，过几天后乳痂就会自动脱落。

结膜炎

一旦感染了结膜炎，不仅眼睛会红肿热痛，邻近的耳前淋巴结也会肿痛，眼睛的分泌物会增加。目前仍无有效的预防方法，而且不具免疫力，得过一次仍可能再被感染，病毒可经由任何媒介物，如手、毛巾或污染过的桌椅、物品等传播。

流口水

流口水，在婴儿时期较为常见。其中，有些是生理性的，有些则是病理性的，应加以区别，采取不同的措施，做好家庭护理。

01 生理性流口水

三四个月的婴儿唾液腺发育逐渐成熟，唾液分泌量增加，但此时孩子吞咽功能尚不健全，闭唇与吞咽动作尚不协调，所以会经常流口水。而长到六七个月时，正在萌出的牙齿会刺激口腔内神经，加上唾液腺已发育成熟，唾液大量分泌。生理性的流口水现象会随着孩子的生长发育自然消失。

02 病理性流口水

当孩子患某些口腔疾病，如口腔炎、舌头溃疡和咽炎时，口腔及咽部会十分疼痛，甚至连咽口水也难以忍受，唾液因不能正常下咽而不断外流。这时，流出的口水常为黄色或粉红色，有臭味。如果家长发现这情况后，应立即带孩子去医院检查和治疗，避免影响宝宝正常进食及身体健康。

🍄 容易损害宝宝健康的行为

　　宝宝日常护理中要注意到的问题有很多，其中有很多的护理方法已成"常识"，甚至其中很多被认为是习以为常的，但其实有的护理方法是不正确的，会损害宝宝的身体健康。

婴儿睡偏头

　　婴儿出生后，头颅都是正常对称的，但由于婴儿的骨质很软，骨骼发育又快，受到外力时容易变形。如果长时间朝同一个方向睡，受压一侧的枕骨就会变得扁平，出现头颅不对称的现象，最终导致头形不正而影响美观。

　　随着月龄的增长，婴儿的头部逐渐增大，而且头盖骨也愈来愈坚硬。这个时期将决定婴儿的头部形状，因此要特别注意。为了防止宝宝睡偏头，妈妈要尽可能地哄着他/她，使他/她能够适应朝着相反的方向睡，也可以使相反一侧的光线亮一些，或者放一些小玩具，这样时间长了，宝宝就会习惯于朝着任何一个方向睡觉了。另外，宝宝睡觉习惯于面向妈妈，喂奶时也要把头转向妈妈一侧，因此，妈妈应该经常和宝宝调换位置。

含乳头睡觉

　　很多宝宝睡觉会需要一个固定的安慰物，只有在这个安慰物的陪伴下才能安然入睡，比如奶嘴、娃娃、枕巾、玩具等，也还有一些宝宝只有含着妈妈的乳头才能睡觉。但是，这种做法是不适当的。首先，宝宝含着乳头睡觉对他/她牙齿的正常发育有不良影响，会使其上下颌骨变形，导致上下牙不能正常咬合。此外，由于宝宝鼻腔狭窄，睡觉时常常口鼻同时呼吸，含着乳头睡觉会有碍其口腔呼吸。另外，如果妈妈过于劳累，不自觉翻身可能会压迫到含着乳头的宝宝，容易造成宝宝窒息。

另外，妈妈乳头皮肤娇嫩、干燥，若过于频繁地浸泡和受到宝宝口腔的摩擦，易造成乳头皮肤破裂。妈妈们也要注意哺乳结束后不要强行用力从宝宝口中拉出乳头，容易造成皮肤的损伤或局部疼痛，也易造成宝宝牙齿向外凸出。

睡觉戴手套

宝宝出生后指甲开始慢慢生长，但是宝宝很容易把自己的脸抓伤，有些妈妈就给宝宝戴上手套。戴手套看上去好像可以保护新生婴儿的皮肤，但其实这种做法直接束缚了孩子的双手，使手指活动受到限制，不利于触觉发育。

毛巾手套或用其他棉织品做的手套，若里面的线头脱落，很容易缠住孩子的手指，影响手指局部的血液循环，如果发现不及时，还可能导致新生儿手指坏死等严重后果。

经常触碰婴儿的脸颊

看到婴儿粉嫩光滑的脸蛋，谁都忍不住想亲一亲、摸一摸，但这其实会刺激孩子尚未发育成熟的腮腺神经，导致其不停地口水流。如果擦洗、清洁不及时，口水流过的地方还会起湿疹，会令宝宝很难受。因此父母应从自己做起，避免频繁触碰孩子的脸颊。可用轻点孩子额头、下颌的方式来表达你的喜爱之情。

宝宝玩具不消毒

婴儿往往有啃咬玩具的习惯，所以应该经常给玩具消毒，特别是那些塑料玩具，更应天天消毒，否则可能引起婴儿消化道疾病。不同的玩具应有不同的消毒方法：塑料玩具可用肥皂水、漂白粉、消毒片稀释后浸泡，半小时后用清水冲洗干净，再用清洁的布擦干净或晾干。布制的玩具可用肥皂水刷洗，再用清水冲洗，然后放在太阳光下曝晒。耐湿、耐热、不褪色的木制玩具，可用肥皂水浸泡后用清水冲后晒干。铁制玩具在阳光下曝晒6小时可达到杀菌效果。

🍄 1~3个月宝宝的锻炼游戏

宝宝1~3个月，可以玩哪些游戏呢？让我们一起来发现吧！

视觉游戏

🍄 活动方式：

1.每天让宝宝看一些彩色玩具小球，每次约10秒，一天10次左右，每天不超过3分钟。

2.可把玩具球拿起来在宝宝眼前轻轻晃动，以吸引宝宝的注意力。（活动可持续到宝宝3个月左右大）。

听觉游戏

🍄 活动方式：

1.每天播放三种声音让宝宝听，慢慢地增加种类。活动中可以观察宝宝对声音的反应，喜欢哪种声音，或者不喜欢哪种声音。

2.播放时还可以跟宝宝说"这是拍手的声音喔"或"这是小狗的声音"，让宝宝知道这个声音是从哪里发出的。

肢体游戏

☺ 活动方式:

1.用手轻轻地抓住宝宝的小手,等待几秒再收回。

2.反复几次后,再用手触碰小宝宝小手,看看宝宝还会不会抓。

触觉游戏

☺ 活动方式:

1.妈妈用手给宝宝轻轻按摩手、足、腹、背部。

2.在进行按摩时,手部的动作要尽量轻柔。

3.给新生儿按摩时最好使用手指,比较容易控制力道,等宝宝长大一点儿后再用手掌按摩。

认知游戏

🍄 活动方式：

1.将宝宝放在床上。

2.然后拿一个颜色鲜艳的小球放在宝宝眼前合适距离的位置慢慢晃动，以引起小宝宝的兴趣。

小手小脚动一动

🍄 活动方式：

1.在帮宝宝换尿布、洗澡或穿衣服时，可以拉着他/她的小手小脚来触碰你的脸、手或是身体，让宝宝感觉不同部位的触感。

2.同时可以加上对话，跟宝宝说"这是爸爸的脸"或是"这是妈妈的手"等。

与宝宝共舞

🍦**活动方式：**

　　1.选择重复性高、和谐悦耳的音乐或儿歌。

　　2.温柔地抱着宝宝对他/她唱歌，并且轻轻摇摆与转圈。

　　3.别忘了适时地托住头部，提供宝宝视觉上的刺激。

　　4.当舞跳完时，可以给宝宝一个微笑，并赞美他/她做得很好。

识物游戏

🍦**活动方式：**

　　可以从动物图片开始，每次拿一张图片给宝宝看，顺便说明这是什么动物，例如"这是小狗""这是小鸟"等；当然，如果搭配动物的叫声就更能引起宝宝的兴趣。不过，活动的时间不宜过久，以免造成宝宝的疲惫，一次约30秒，一天大概五六次。

PART 03

4~6个月宝宝的
日常护理

　　4~6个月的宝宝生长速度也很快，仅次于最初的3个月，仍需要大量的热能和营养素。在身体发育上，4~6个月阶段是宝宝从主要喝母乳到开始有意添加辅食的时期。在智力发育上，宝宝的感知能力逐渐增强，对外界的反应更加灵敏。这时父母应在宝宝前阶段发展的基础上，继续刺激宝宝的感知，让宝宝用他/她自己的感官来接触和认识这个世界吧。

4个月宝宝的生理特征

百天后的宝宝更招人喜爱了，眼睛的黑眼仁（虹膜）很大，眼神清澈透亮，会用惊异的神情望着陌生人；如果大人对着宝宝笑，宝宝就会回报一个欢快的笑容；如果大人用手蒙住脸，再突然把手拿开冲着宝宝笑，和宝宝玩"藏猫猫"的话，宝宝就会发出一连串咯咯的笑声。

🐾4个月宝宝的身体特点

体重

本月宝宝的增长速度较前3个月要缓慢一些，满3个月的男宝宝体重为4.1～7.7千克，女宝宝体重为3.9～7千克。这个月的宝宝体重可以增加0.9～1.25千克。

身高

这个月男宝宝的身高为55.8～66.4厘米，女宝宝身高为54.6～64.5厘米。这个月宝宝的身高增长速度与前3个月相比也开始减慢，1个月增长约2厘米。

头围

这个月的男宝宝头围平均值为43厘米，女宝宝为40.9厘米，从 4个月到半岁，宝宝的头围平均每月增加1.0～1.4厘米。

前囟

这个月的宝宝的后囟门将闭合，前囟门对边连线可以在1.0～2.5厘米不等，头看起来仍然较大。如果前囟门对边连线大于3.0厘米，或小于0.5厘米，应该请医生检查是否有异常情况。

4个月宝宝的几项能力

视觉能力

此时宝宝已经能够跟踪面前半周内运动的任何物体；同时眼睛的协调能力也可以使他/她在跟踪靠近和远离他/她的物体时视野加深。视线变灵活，能从一个物体转移到另外一个物体；头眼协调能力好，两眼随移动的物体从一侧到另一侧，移动180°，能追视物体，如小球从手中滑落掉在地上，他/她会用眼睛去寻找。

听觉和语言能力

这个时期的宝宝在语言发育和感情交流上进步较快。高兴时，会大声笑，笑声清脆悦耳。当有人与宝宝讲话时，会发出咯咯咕咕的声音，好像在跟你对话。对自己的声音感兴趣，可发出一些单音节，而且不停地重复。能发出高声调的喊叫或发出好听的声音。咿呀作语的声调变长。

运动能力

这个月，宝宝可以用肘部支撑抬起头部和胸部，根据自己的意愿向四周观看。你会察觉到孩子会自主地屈曲和伸直腿，随后他/她会尝试弯曲自己的膝盖，并发现自己可以跳。竖抱时头稳定；扶着腋下可以站片刻；在爸爸妈妈的帮助下，宝宝会从平躺的姿势转为趴的姿势。能将自己的衣服、小被子抓住不放；会摇动并注视手中的拨浪鼓；手眼协调动作开始出现；平躺时，抬头会看到自己的小脚。趴着时，会伸直腿并可轻轻抬起屁股，但还不能独立坐稳。对小床周围的物品均感兴趣，都要抓一抓、碰一碰。如果看到活动或喜欢的事物，宝宝就努力伸手去抓。

情绪和早期社交能力

宝宝不会对每个人都非常友好，他/她最喜欢父母，到第四个月时则会喜欢其他小朋友。如果他/她有哥哥姐姐，当他们与他/她说话时，你会看到他/她非常高兴。听到街上或电视中有儿童的声音会扭头寻找。随着孩子长大，他/她对儿童的喜欢度也会增加。相比之下，对陌生人他/她只会好奇地看一眼或微笑一下。

他/她可能已经学会用手舞足蹈和其他的动作表示愉快的心情；开始出现恐惧或不愉快的情绪。会躺在床上自己咿咿呀呀地玩。有时候宝宝的动作会突然停下来，眼珠也不再四处乱看，而是只盯着一个地方，过一会儿又恢复正常。

抱着宝贝坐在镜子对面，让宝贝面向镜子，然后轻敲玻璃，吸引宝贝注意镜子中自己的镜像，他/她能明确地注视自己的身影，对着镜中的自己微笑并与他/她"说话"。

4个月宝宝常见问题及处理

睡眠问题

这个月宝宝的睡眠时间因人而异，大多数都在午前、午后各睡2个小时左右，晚上从8点开始睡，夜里醒1~2次。但是宝宝对外界的环境很敏感，往往一有"风吹草动"便难以入睡，或在熟睡中被惊醒，甚至出现入睡困难、惊醒哭闹等现象。宝宝睡眠不好，不仅闹得全家和邻居不得安宁，而且还会影响宝宝的健康和成长。要解决宝宝睡眠不好的问题，就要先找对原因，对症下药。

这个月龄的宝宝睡眠不好的主要原因有：白天睡得太多，到了晚上反倒清醒或活跃；母乳不足造成奶不够吃或者口渴；衣被太厚，压得宝宝不舒服，且宝宝容易出汗；尿布尿湿了；爸爸妈妈过于频繁检查尿布，干扰了宝宝的睡眠；身体不舒服，如感冒、胃肠功能紊乱，消化不良、肠胀气等异常情况都会影响睡眠。

爸爸妈妈要通过仔细观察，设法尽快找到导致宝宝睡眠不好的因素，并积极实施对策，消除这些诱因，宝宝的睡眠问题就能迎刃而解了。

感冒

这个月是宝宝较少患病的1个月。如果家里有人感冒了，一两天后宝宝也出现了感冒症状时，就可以确定是得了感冒。不过这个时候宝宝的感冒多数都表现为鼻子不通气、流清鼻涕、打喷嚏，体温一般都在37.5~37.6℃之间，不发高热，

宝宝也不会表现得很痛苦。但可能会因为咳嗽、鼻子不通气等问题使吃东西变得困难，有些还会出现轻度腹泻的症状。

这种感冒一般持续2～3天就可以消退，而且宝宝的鼻涕也会由开始的水样清鼻涕变成黄色或绿色的浓鼻涕，吃奶量也会再次增加，所以家长没有必要太担心。只要在宝宝感冒期间，给宝宝多喝些温开水，注意调节室内的温度和湿度，注意保暖，暂停户外活动，控制洗澡时间和频率，并让宝宝远离感染源就可以了。需要注意的是，感冒的宝宝千万不能"捂"，否则会加重病情。

积痰

婴儿爱积痰大多是体质的问题，多数爱积痰的宝宝都是渗出性体质，体型较胖、平时爱出汗、有婴儿湿疹、容易过敏、大便也较稀。对于这样的宝宝，控制体重、加强锻炼、增强身体抵抗力是减轻积痰的有效方式，只要这种现象没有妨碍到宝宝的日常生活，宝宝的精神依然很好，吃奶也好，体重也相应增加，就不需要特别护理。如果宝宝因为咳嗽把吃过的配方奶全吐出来的话，只要宝宝还想吃，就可以继续喂。为了防止夜里吐奶，可以适当减少晚上的喂奶量。

由于洗澡会使血液的循环加快，导致支气管分泌旺盛，可能会加重积痰程度。所以如果发现宝宝积痰比较多的时候，就应减少洗澡的次数。

高热

3～4个月的宝宝发高热比较少见，必须注意观察宝宝有无其他症状，必要时要及时就医，因为许多情况必须经由医师判断，才能知道发热的真正原因。如果宝宝体温在38℃左右，并且以前夜里从不哭闹而现在突然在夜里哭闹的话，首先应怀疑为中耳炎。除了常见的中耳炎之外，颌下淋巴结化脓也是引起婴儿高热的原因之一。当患该病时，宝宝的颌下会肿得很硬，造成其头部难以转动，体温一般为38℃左右。这时应及早给予抗生素治疗，有的不用手术就可痊愈。另外，如果宝宝的肛门周围长出"疖子"，变硬、红肿的话，可能也会发热，一般体温为38℃左右。只要发现宝宝在大便时啼哭，就应该想到这种情况并及时检查。

夜啼

当宝宝突然发生夜啼时,爸爸妈妈要知道这些:如果宝宝不发热,就可以初步判断不是中耳炎、淋巴结炎之类的炎症;如果宝宝是连续不断地哭闹,就知道不是肠套叠,因为患肠套叠的宝宝虽然也是哭得很厉害,但哭法与夜啼不一样,是每隔5分钟左右哭一阵,而且一吃奶就吐。

比较好哄的宝宝在夜啼的时候,妈妈把宝宝抱起来轻轻地晃两下,或是轻轻地拍拍、抚摸几下背部,宝宝就可以沉沉地睡去;比较难哄的宝宝可能怎么抱着哄都不管用,这时不妨把宝宝放到婴儿车里走几圈,宝宝就能很快停止哭闹了。

斜视

有的宝宝由于种种原因,两只眼睛无法相互配合成组运动,也无法同时注视同一物体,这种情况被称为斜视,是婴幼儿最常见的眼病之一。斜视不仅影响美观,还会影响宝宝的视力发育。

斜视有外斜和内斜之分,外斜就是通常所说的"斜白眼",内斜就是通常所说的"斗鸡眼",婴幼儿的斜视以内斜居多。但事实上,对于4个月以内的宝宝来说,斜视可能是一种暂时性的生理现象,是由其发育尚不完全造成的,通常随着宝宝未来几个月双眼共同注视能力的提高会自然消失。

如果爸爸妈妈还是不放心的话,可以准备一把小手电筒,宝宝仰卧在光线较暗的地方,然后在距宝宝双眼大约50厘米的正前方用小手电筒照射双眼。如果光点同时落在宝宝的瞳孔中央,就说明宝宝没有斜视,或者为假性斜视;如果光点一个落在瞳孔中央,另一个落在瞳孔的内侧或外侧,就可以判定为斜视,应及时去医院诊治。

5个月宝宝的生理特征

这一时期的宝宝变得更可爱了，眉眼等五官开始"长开"，脸色红润而光滑，能显露出活泼、可爱的体态。

5个月宝宝的身体特点

体重、身高与头围

这个月宝宝的体重增长速度开始下降。正常男宝宝在5个月时体重为5.3~9.2千克；女宝宝体重为5.0~8.4千克。男宝宝在这个月的身高为58.3~69.1厘米，女宝宝的身高为56.9~67.1厘米。在这个月平均可长高2厘米。从这个月开始，宝宝

头围增长速度也开始放缓，平均每月可增长1厘米。男宝宝的头围为40.6~45.4厘米，平均43厘米；女宝宝的头围为39.7~44.5厘米，平均42.1厘米。另外这个月宝宝的囟门可能会有所缩小，也可能没有什么变化。

5个月宝宝的几项能力

视觉能力

这时，孩子的视力范围可以达到几米远，而且将继续扩展。他/她的眼球能上下左右移动，注意一些小东西，如桌上的小点心；当他/她看见母亲时，眼睛会紧跟着母亲的身影移动。

听觉和语言能力

这时的宝宝听到叫自己的名字会注视并微笑；这时候的宝宝，学会的语音越来越丰富，还试图通过吹气、咿咿呀呀、尖叫、笑等方式来"说话"。

运动能力

5个月的婴儿将接受一个重大的挑战——坐起。随着他/她背部和颈部肌肉力量的逐渐增强，以及头、颈和躯干的平衡发育，他/她将开始迈出"坐起"这一小步。首先他/她要学习在俯卧时抬起头并保持姿势，你可以让他/她趴着，胳膊朝前放，然后在他/她前方放置一个铃铛或者醒目的玩具吸引他/她的注意力，诱导他/她保持头部向上并看着你。趴在床上可用双手撑起全身，扶成坐的姿势，能够独自坐一会儿，但有时两手还需要在前方支撑着。

情绪和早期社交能力

5个月的宝宝听到母亲或熟悉的人说话的声音就高兴，不仅仅是微笑，有时还会大声笑。此时的宝宝是一个快乐的、令人喜爱的小人儿。微笑现在已经随时在其脸上可见了，而且，除非宝宝生病或不舒服，否则，每天长时间展现的愉悦微笑都会点亮你和他/她的生活。这一时期是巩固宝宝与父母之间亲密关系的时期。

🍄5个月宝宝常见问题及处理

睡眠问题

从第4个月开始，宝宝一般每天总共需睡15~16小时，白天睡的时间比以前缩短了，而晚上睡得比较香，有的宝宝甚至能一觉睡到天亮。

每个宝宝在睡眠时间上的差异较大，大部分的宝宝上午和下午各睡2个小时，然后晚上8点左右入睡，夜里只醒1~2次。每个宝宝都有自己的睡眠时间及睡眠方式，爸爸妈妈要尊重宝宝的睡眠规律，要保证宝宝醒着的时候愉快地玩，睡眠时安心地睡。一般来讲，发育正常的宝宝都会选择自己最舒服的睡眠姿势。所以，爸爸妈妈不必强求宝宝用哪一种睡眠姿势，如果看宝宝睡眠的时间较长，只要帮助变换一下睡姿势就可以了，但动作一定要轻柔，顺其自然，不要把宝宝弄醒。

咬乳头

有的宝宝4个月就开始有牙齿萌出，在牙齿萌出前，宝宝吃奶时会咬妈妈的乳头。当宝宝咬妈妈的乳头时，妈妈可能会本能地向后躲闪，但这种情况下宝宝还咬着妈妈的乳头，会把妈妈的乳头拽得很长，让妈妈更疼。

当宝宝咬住妈妈乳头时，妈妈马上用手指单击宝宝的下颌，宝宝自然就会松开乳头的。如果宝宝在出牙前频繁咬住妈妈的乳头，妈妈在喂奶前可以给宝宝一个没有孔的橡皮奶头，让宝宝吮吸磨磨牙床。10分钟后再给宝宝喂奶，就会避免宝宝咬妈妈的乳头。

流口水问题

随着正常发育，从5个月开始，宝宝唾液分泌量会逐渐增加。而由于宝宝吞咽反射还不灵敏，加上口腔分泌的唾液没有牙槽突的阻挡，所以就会出现流口水的现象。这个月龄的宝宝流口水是一种生理性流涎，无须治疗。

体重增加缓慢

婴儿时期宝宝每个月体重的增加并不一定是有规律的，有的宝宝可能在这个月体重增长不多，到了下个月猛长，这种现象也常见。

宝宝的食量也会影响到体重，食量小的宝宝体重自然就比同月龄食量大的宝宝要轻一些。另外，宝宝的体重和遗传也有一定关系，如果妈妈本身就较瘦小的话，那么宝宝可能体重也会偏轻。对于这样的宝宝，只要按照食量小的宝宝去抚养就可以了，只要宝宝平时饮食规律、精神良好、大便正常、能吃能睡，不必过多补充各种营养，爸爸妈妈不需要惊慌。

湿疹不愈

湿疹多见于1～5个月的宝宝，而且以头部和面部为多。大多数之前有湿疹的宝宝到了快5个月的时候，湿疹症状都会减轻甚至完全自愈，但仍然有些宝宝的湿疹还较为顽固。除了平日常吃的鱼、虾、鸡蛋会招致过敏、发生湿疹，穿用的化纤衣被、肥皂、玩具、护肤品以及外界的紫外线、寒冷和湿热的空气以及机械摩擦等刺激都可能导致湿疹长期不愈。

对于母乳喂养的宝宝，妈妈要少吃鱼虾等容易过敏的食物以及辛辣刺激的食物，多吃水果、蔬菜；人工喂养的宝宝，尽量给予配方奶而不要吃鲜牛奶，同时注意补充足量的维生素。

发热

宝宝的前囟门在1岁半之前还未完全闭合，所以如果宝宝发热了，爸爸妈妈可以在宝宝睡着以后，用手心捂在其前囟门处直到宝宝微微出汗，这时宝宝鼻子通了，呼吸匀称了，体温也下降了，然后将宝宝叫醒，多喂宝宝一些温开水或红糖水。如果能用物理方法降温的话，就最好不要用药，最佳的办法还是用温水擦浴。

6个月宝宝的生理特征

6个月的宝宝体格进一步发育，神经系统日趋成熟。此时的宝宝差不多已经开始长乳牙了。宝宝对外界事物也越来越感兴趣。

6个月宝宝的身体特点

体重、身高及头围

6个月的男宝宝体重为6.9~8.8千克，女宝宝体重6.3~8.1千克。如果发现宝宝在这个月日体重增长超过30克，或10天增长超过300克，就应该有意识地调整宝宝的食量。男宝宝在这个月身长为60.5~71.3厘米，女宝宝为58.9~69.3厘米，本月可长高2厘米左右。需要爸爸妈妈注意的是，宝宝的身高绝不单纯是喂养问题，所以不能一味贪图让宝宝长个。这个月男宝宝的头围平均为43.9厘米左右，女宝宝平均为42.9厘米左右。另外这时宝宝的前囟门尚未闭合，为0.5~1.5厘米。

6个月宝宝的几项能力

语言能力

6个月的宝宝，只要不是在睡觉，嘴里就会一刻不停地"说着话"，尽管爸爸妈妈听不懂宝宝在说什么，但还是能够感觉出宝宝所表达的意思。比如，宝宝会一边摆弄着手里的玩具，一边嘴里发出"喀……哒……妈"等声音，就好像自己跟自己在说着什么似的。

运动能力

6个月的婴儿俯卧时，能用肘支撑着将胸抬起，但腹部还是靠着床面。仰卧时喜欢把两腿伸直举高。随着头部颈肌发育的成熟，这个年龄的孩子的头能稳稳当当地竖起来了，他们不愿意家长横抱着，喜欢大人把他们竖起来抱。一旦孩子挺起胸部，你就可以帮助他/她"实践"坐起的动作了。

情绪和早期社交能力

6个月的宝宝高兴时会笑，受惊或心情不好时会哭，而且情绪变化特别快，刚才还哭得极其投入，转眼间又笑得忘乎所以。当妈妈离开时，宝宝的小嘴一扁一扁地似乎想哭，或者哭起来。如果宝宝手里的玩具被夺走，就会惊恐地大哭，仿佛被人伤害了似的。当宝宝听到妈妈温柔亲切的话语时，就会张开小嘴咯咯地笑着，并把小手聚拢到胸前一张一合地像是拍手。

认知能力

此时婴儿已能在镜子中发现自己了，并喜欢与这个新伙伴聊天，而且照镜子时会笑，会用手摸镜中的人。另外，婴儿已知道自己的名字，听到叫他/她的名字会有反应。这个阶段，宝宝处在"发现"阶段。

随着认知能力的发育，他/她很快会发现一些物品。当他/她将一些物品扔在桌上或丢到地板上时，可能启动一连串的听觉反应，包括喜悦的表情、呻吟或者导致对象重现或者重新消失的其他反应。他/她开始故意丢弃物品，让你帮他/她拣起。这时你可千万不要不耐烦，因为这是他/她学习因果关系并通过自己的能力影响环境的重要时期。

现在，宝宝变得越来越好动，对这个世界充满了好奇心。这个阶段是宝宝自尊心形成的非常时期，父母要对宝宝适时给予鼓励，从而使宝宝建立起良好的自信心。

6个月宝宝常见问题及处理

睡眠问题

6个月的宝宝睡眠总体的规律是，白天的睡眠时间及次数会逐渐减少，即使白天睡觉较多的宝宝，白天的睡眠时间也会减少1~2小时。具体到每天晚上应该睡多久，白天应该睡多久，每天一共应该睡几觉，则没有绝对的标准。只要宝宝自己调节得好的话，爸爸妈妈就不必过多干预。

由于这个月的宝宝运动能力增强，即使白天睡觉，晚上也照样能睡得很好，因此爸爸妈妈再不用因为宝宝白天的睡觉问题而担心了。以前夜里要醒两次的宝宝，现在变为一次；而原来只醒一次的宝宝现在则可以一觉睡到天亮。

消化不良

6个月龄的宝宝由于开始正式添加辅食，所以大便可能会变稀、发绿，次数也会比以前多，有些在大便里还会出现奶瓣。其实，这一时期所谓的消化不良多数都是婴儿腹泻，主要是由细菌病毒感染以及饮食不当引起的。

如果是由细菌引起的腹泻，主要是辅食制作过程中消毒不彻底，从而使当中的细菌进入宝宝体内所导致的，只要给予适量的抗生素就能解决问题；如果是病毒引起的腹泻，就要注意补充丢失的水和电解质，病毒造成的腹泻并不会持续很长时间，而且可以自然痊愈。

如果是由于新添加的辅食引起的腹泻，宝宝通常没有什么异常表现，只是大便的性状与以前不同，只要给宝宝吃些助消化药并暂停添加那种辅食就可以了。如果因为一直没添加辅食而引起腹泻时，可以试着增添辅食，情况就有可能会好转。

持续性的咳嗽

这种持续性的咳嗽多发在秋冬季节，平时不怎么咳嗽的宝宝可能在夜里睡觉或早上起床之后会连续咳嗽一阵，如果是夜里的话，还有可能把晚上吃的奶都吐出来。婴儿期的这种咳嗽多半是由体质造成的，宝宝的喉咙和气管里也总是呼噜呼噜的，仿佛有痰一样。只要宝宝平时不发热、没有异常表现，进食和大便都正常的话，爸爸妈妈就不用担心。

如果宝宝在一段时间里咳嗽严重、但除了咳嗽之外没有任何不适症状的话，爸爸妈妈就应该多给宝宝喂水，减少洗澡的次数，平时多带宝宝进行室外运动，用室外空气锻炼皮肤和气管黏膜，是减少积痰分泌和缓解咳嗽的最好办法。

夜啼

6个月的宝宝夜啼闹夜的很多，多数都是闹着玩，只有当以前从来不闹的宝宝突然在夜里大声哭闹，或是闹的方式很反常，才有可能是某些疾病所致。这一月龄最常见的病因仍然是肠套叠。

这个月的宝宝已经形成了一定的睡眠习惯，所以要调整这一时期的睡眠习惯，还得要循序渐进。当宝宝夜里醒来哭闹的时候，爸爸妈妈可以用柔和的、很轻的语调跟宝宝说话，让宝宝感觉到安全和关心，最好不要开灯。如果宝宝提出想去房间外的话也尽量不要满足他/她。因为要是每次都满足宝宝那种不合理的要求，逐渐会形成习惯，这样就很难调整了。所以说，对待夜啼的宝宝，处理的方式一定要慎重，因为有过一两次之后，这种处理的方法就可能会变成他/她的习惯。

舌苔增厚

舌苔变厚主要是舌丝状乳头角化上皮持续生长而不脱落所造成的。以乳类食品为主的宝宝，舌面都会有轻微发白或发黄，只要宝宝吃奶好、大便正常的话，这就是正常现象，爸爸妈妈不必担心。

如果宝宝患有某些疾病，也可引起舌苔增厚，如感冒发热、胃炎、消化道功能紊乱等都是引起舌苔增厚的主要原因。如果舌苔出现偏厚或者发白等情况，而身体无其他不适的话，一般就是上火的表现，这种情况通常还会伴有口腔异味甚至口臭；如果舌苔在增厚同时发黄的话，就可能是胃肠方面的疾病或是出现某些炎症；如果宝宝在舌苔增厚的同时，一并出现食欲下降、消瘦或是发热等症状，最好是及时就医。

婴儿麻疹

6个多月的宝宝如果出了麻疹，在出麻疹前不会有打喷嚏、咳嗽、长眼屎等明显症状，只是体温会稍高于37℃，紧接着在颈上、前胸、后背处就会发出稀稀拉拉像被蚊子叮咬了一样的红点。如果宝宝的抗体比较少的话，发热的时间就会稍长一些，大概能持续一天半左右，疹子也出得比较多，但发病时不会因为咳嗽而十分痛苦，也不会诱发肺炎等并发症。这个月的宝宝患上麻疹不需要采取特殊治疗，只要控制洗澡次数，防止宝宝受凉就可以了。由于麻疹有传染性，一旦感染了6个月以上，宝宝就会患上普通麻疹，所以患了麻疹后要暂停户外活动。

不会翻身

对于还不会翻身的宝宝，这一时期应加强翻身训练，不过在训练之前要给宝宝穿得少一点儿。训练的过程很简单，可以从教宝宝右侧翻身开始，将宝宝的头部偏向右侧，然后一手托住宝宝的左肩，一手托住宝宝的臀部，轻轻施力，使其自然右卧。当宝宝学会从仰卧转向右侧卧之后，可以进一步训练宝宝从右侧卧转向俯卧：用一只手托住宝宝的前胸，另一只手轻轻推宝宝的背部，令其俯卧。如果宝宝俯卧的时候右侧上肢压在了身下，就轻轻地帮他/她从身下抽出来。呈俯卧位的宝宝头部会主动抬起来，这时就可以趁势再让宝宝用双手或前臂撑起前胸。以此方法训练几次，宝宝就能翻身自如了。

把尿打挺

6个月的宝宝依然不能自主控制大小便。爸爸妈妈要知道的是，建立宝宝对大小便的条件反射与宝宝学会控制大小便是两回事，如果前几个月训练好的话，那么这个月的宝宝当听到"嘘嘘"的声音或是遇到把尿、坐盆的动作，就能排出大小便，但这并不是说，宝宝已经能够控制自己的大小便了。这一时期的宝宝若出现把尿打挺、放下就尿的现象是很正常的。如果爸爸妈妈总是频繁地训练宝宝的大小便，一是没有意义，二是徒增宝宝的烦躁感。要是总是给宝宝把尿的话，会使宝宝建立起排尿非主观意识反射，只要大人一把，就算宝宝的膀胱并没有充盈到要排尿的程度，也同样会排尿，长此以往就可能会造成宝宝尿频。

4～6个月的宝宝如何护理

4～6个月的婴儿已经掌握了翻身的技术，能自由地活动身体了，可以伸手拿自己喜欢的东西了，这也意味着，家长需要更用心去呵护照顾婴儿了，以免宝宝受到不必要的伤害。那么，这个阶段的宝宝应该如何护理呢？

🍄 宝宝常见问题护理

出乳牙期的口腔护理

有些父母认为乳牙迟早要换成恒牙，因而忽视对宝宝乳牙的保护。这种认识是错误的。如果宝宝很小乳牙就坏掉了，与换牙期间隔的时间就会变长，这样会对宝宝产生一些不利的影响。首先，会影响宝宝咀嚼；其次，可导致宝宝消化不良，造成营养不良和生长发育障碍；还会影响语言能力。

乳牙萌出是正常的生理现象，多数宝宝没有特别的不适，但可出现局部牙龈发白或稍有充血红肿症状。不过，即使出现这些现象，也不必为此担心，因为这些表现都是暂时性的，在乳牙萌出后就会好转或消失。

宝宝口水多的处理

在宝宝出牙时，流口水会很明显，这是正常的。随着宝宝牙齿出齐，学会吞咽，流口水的现象会逐渐消失。如果宝宝没有疾病，只是口水多，就不必治疗，这种情况会随着宝宝年龄的增长而改善。

如果宝宝流口水过多，可给其戴上质地柔软、吸水性强的棉布围嘴，并经常换洗，使之保持干燥清洁。要及时用细软的布擦干宝宝的下巴，注意不要用发硬的毛巾擦嘴，以免下巴发红，破溃发炎。

宝宝枕秃的处理

婴儿的枕部，也就是脑袋跟枕头接触的地方，若出现一圈头发稀少或没有头发的现象叫枕秃。宝宝大部分时间都是躺在床上，脑袋跟枕头接触的地方容易发热出汗使头部皮肤发痒。宝宝通常会通过左右摇晃头部的动作，来"对付"自己后脑勺因出汗而发痒的问题。由于经常摩擦，枕部头发就会被磨掉而发生枕秃。

如果出于客观原因造成枕秃，需要注意加强护理，给宝宝选择透气、高度和柔软度适中的枕头；随时关注宝宝的枕部，发现有潮气，要及时更换枕头，以保证宝宝头部的干爽。注意保持适宜的室温，温度太高容易引起出汗，会让宝宝感到很不舒服。

出现积食时的护理

积食在婴儿时期很常见，主要的症状有呕吐、食欲不振、腹泻、便秘、腹胀、腹痛，出现便血，还会伴随出现睡眠不安、口中有酸腐味等症状。当小孩出现积食表现时，应该多喝水，促进食物消化，吃一些帮助消化的药物。

同时，也要让宝宝多做运动，运动可以促进消化，尤其是晚餐过后不要马上睡觉，否则食物堆积在胃里，睡觉之后胃肠功能减弱，就很容易造成消化不良，引起积食。另外，家长还可以用新鲜的山楂切块煮汤后给宝宝服用，可缓解积食的症状。

宝宝衣物被褥的护理

由于这几个月龄的宝宝生长发育比较快，不仅活动量比以前有了明显增大，而且活动范围和幅度都比以前大大增强，所以妈妈在为宝宝准备衣服时，一定要以宽松为主，款式设计要宽松些并容易穿脱，同时还要保证良好的吸水性和透气性。如果衣服整体设计过紧的话，就会影响宝宝正常发育；如果领口或袖口过紧，就会对宝宝的正常活动和呼吸造成阻碍；如果衣服的袖子或裤腿过长的话，就会妨碍宝宝的手脚活动。宝宝的袜子要选择透气性能好的纯棉袜，因为化学纤维制成的袜子不但不吸汗，而且还会令宝宝的脚部皮肤发生过敏。

宝宝蹬被子的问题

许多父母都为宝宝蹬被子而发愁。为了防止宝宝因蹬被子而着凉，父母往往会夜间多次起身"查岗"。其实，宝宝蹬被子有很多原因，如被子太厚、睡得不舒服、患有疾病等，父母应找出原因并采取相应的对策才行。

首先，睡眠时被子不要盖得太厚，尽量少穿衣裤，不要以衣代被。否则，机体内多余的热量散发困难，孩子闷热难受，出汗较多，他/她就不得不采取"行动"而把被子踢开。其次，在睡前不要过分逗弄孩子，不要吓唬孩子。

🍄 培养宝宝的良好习惯

这个时期，宝宝的生活逐渐变得有规律，父母可以对宝宝不断进行引导，通过训练和亲子接触，让宝宝形成良好的行为习惯和产生良好的亲子依恋关系。

培养有规律的睡眠习惯

如前所述，应从小培养宝宝有规律的作息习惯。4个月后可将宝宝白天的睡眠时间逐渐减少1次，即白天睡眠3~4次，每次1.5~2.0小时。夜间如宝宝不醒，尽量不要惊动他/她。如果宝宝醒了，尿布湿了可更换尿布，或给宝宝把尿。宝宝若需要吮奶、喝水，可喂喂他/她，但尽量不要和他/她说话，不要逗引他/她，让他/她尽快转入睡眠状态。要注意婴儿睡觉的姿势，经常让宝宝更换头位。

如果宝宝在夜里醒来不哭不闹、睁着眼睛自己玩的话，父母可以不予理睬；如果宝宝哼哼唧唧地要找人的话，父母也不要开灯、不要说话，也不要轻易把宝宝抱起来，只要轻轻摸摸、拍拍宝宝，让宝宝有充分的安全感就可以了。对于夜里常常醒来的宝宝，父母应该让宝宝白天少睡一会儿，多带宝宝到户外走走、多和宝宝玩玩、让宝宝多做做锻炼，这样宝宝到了晚上就能睡得比较好了。

训练宝宝定时排便的习惯

4个月以后，宝宝的生活逐渐变得有规律了，基本上能够定时睡觉、定时饮食，大小便间隔时间变长，妈妈可以试着给宝宝把大小便，让宝宝形成条件反射，为培养宝宝良好的大小便习惯打下基础。

父母可以按照孩子自己的排便习惯，先摸清孩子排便的大致时间，与前几个月的方法一样，若发现婴儿有脸红、瞪眼、凝视等神态时，便可将其抱到便盆前，用嘴发出"嗯嗯"声作为婴儿形成反射的条件，每天应固定一个时间进行，久而久之婴儿就会形成条件反射，到时间就会大便。便后用温水轻轻擦洗肛周，保持卫生。

宝宝排尿也是如此，如果宝宝定时定量吃奶，且只在洗浴后才喝果汁，而且一般排尿时间间隔较长，则定时排尿成功率较高。父母在训练宝宝排便时一定要耐心细致、持之以恒，进行多次尝试。每隔一段时间把一次尿，每天早上或晚上把一次大便，让宝宝形成条件反射，逐渐形成良好的排便习惯。排便时要专心，不要让宝宝同时做游戏或做其他事情。

建立良好的亲子依恋关系

建立良好的亲子依恋关系对孩子将来的心理健康和行为起着不可忽视的作用。所以，父母需要牢牢把握好依恋关系形成和发展的关键期，与宝宝建立良好的依恋关系。

当宝宝与妈妈建立良好的依恋关系时，他/她会认为人与人是能够互相信任、互相帮助的。当孩子长大后，他们同样会与其他人建立这种良好健康的关系，会用父母对待他/她的方式来对待其他人，会显示出更友好的合作态度，受到更多人的欢迎。父母在平时应增加与宝宝亲密接触的机会。即使是短暂的爱抚、拥抱、亲吻都可以让宝宝感受到父母的爱。父母需要对宝宝付出相当多的关注、照料和教导。当宝宝烦躁不安、哭闹不止时，父母要及时调控自己的情绪，要表现出足够的宽容和耐心。

纠正婴儿吮手指的不良习

虽然婴儿吮吸手指是种正常现象，但是也要注意不能让婴儿频繁地吮吸手指，这样不但影响手指和口腔的发育，而且还会感染各种寄生虫病。根据临床观察，婴儿手指甲缝里虫卵的阳性检出率为30%左右，婴儿通过吸吮指头不但会

不知不觉地感染上寄生虫病，而且还能导致反复感染难以治愈。因此，应戒掉婴儿频繁吮吸手指的习惯。另外，当宝宝将有危险或不干净的东西放入嘴里时，成人应立即制止，宝宝会从成人的行为、表情和语调中，逐渐理解什么可进食，什么不可以放入口中。

宝宝的能力训练

4～6个月的婴儿，动作、视听、语言等能力都进一步发展，父母要针对宝宝的发育情况，给予适宜的训练，对其今后的智力及其他各种能力的发展都有积极的作用。

婴儿爬行练习

爬行是一种全身协调动作，对中枢神经有良好的刺激，还能扩大宝宝的接触面和认识范围，有利于宝宝的智能发展。婴儿6个月以后，应经常让他/她俯卧，在他/她面前放个玩具逗引他/她，使他/她有一个向前爬的意识。开始时宝宝不会爬，父母可用手顶住他/她的脚，促使他/她的脚向后用力蹬，这样他/她就能向前挪动一点儿。

在开始学习爬行时，首先要求婴儿的双臂及肩部要有一定的支撑力，没有支撑力就不能爬行。随后他/她的双臂和肩能够调换重心，在他/她向前爬时，身体的重心能从一侧上肢移至另一侧。当婴儿手膝着床爬有困难时，父母可用两手轻轻托起孩子的胸脯和肚子，帮助他/她的手和膝盖着床，然后再向前稍微送一下，让宝宝有一个爬的感觉。不断地练习婴儿很快就能学会爬行。

视听能力发展

父母要不断地更新视觉刺激，以扩大宝宝的视野。教宝宝认识、观看周围的生活用品、自然景象，可激发宝宝的好奇心，发展宝宝的观察力。还可利用图片、玩具培养宝宝的观察力，并与实物进行比较。

在听觉训练方面，可以锻炼宝宝辨别声响的不同。将同一物体放入不同制品的盒中，让孩子听听声响有何不同，以发展小儿听觉的灵活性。还可以培养宝宝对音乐的感知能力。要以轻柔、节奏鲜明的轻音乐为主，节奏要有快有慢、有强有弱，让宝宝听不同旋律、音色、音调、节奏的音乐，提高对音乐的感知能力。家长可握着宝宝的两手教宝宝合着音乐学习拍手，也可边唱歌边教孩子舞动手臂。这些活动既可培养宝宝的音乐节奏感，发展孩子的动作，还可激发宝宝积极的情绪，促进亲子交流。

另外，还可以让宝宝敲打一些不易敲碎的物体，引导小儿注意分辨不同物体敲打发出的不同声响，以提高小儿对声音的识别能力，增进对物体的认识能力。

语言能力训练

4~6个月是宝宝的连续发音阶段，能发的音明显增多。此时，千万不要以为宝宝还不会说话就不和他/她交流，因为这段时间语言技巧基础培养是非常重要的。

妈妈与宝宝面对面，用愉快的语调与表情发出"啊啊""呜呜""喔喔""爸爸""妈妈"等重复音节，逗引宝宝注视你的口形，每发一个重复音节应停顿一下，给宝宝模仿的机会。也可抱宝宝到穿衣镜前，让他/她看着你的口形和自己的口形，练习模仿发音。

这个时期的宝宝虽然还不会说话，但他/她常常会发出"a，ma，p，ba，o，e"等音，有时像在自言自语，有时又像在跟父母"说话"。即使小宝宝还不会说这些词，父母也一定要对此做出反应，和宝宝一应一答地对话，以提高宝宝说话的积极性。

用相同的语调叫宝宝的名字和其他人的名字，看是否在叫到宝宝的名字时他/她能转过头来，露出笑容，如果表现出此情况则表示他/她领会了叫自己名字的含义。

社交能力的培养

培养孩子的社交能力，首先，可以教孩子认识自我。将孩子抱坐在镜子前，对镜中孩子的镜像说话，引宝宝注视镜中的自己和家长及相应的动作，促进孩子自我意识的形成。

其次，家长和孩子说话，不仅要有意识地给予不同的语调，还应结合不同的面部表情，如笑、怒、淡漠等，训练婴儿分辨面部表情的能力，使他/她对不同的语调、不同的表情有不同的反应，并逐渐学会正确地表露自己的感受。

再次，与婴儿一起玩捉迷藏游戏，既锻炼婴儿感知的能力，培养婴儿的注意力和反应的灵活性，还能促进婴儿与成人间的交往，激发婴儿产生愉快的情绪。家长应注意不失时机地把一些陌生的客人，尤其是小朋友介绍给宝宝，让他/她逐渐适应与生人接近。

手部动作训练

宝宝4个月后，手的活动范围就扩大了，家长可以为孩子提供一定的锻炼方法，训练手部的灵活性。如伸手够物，通过这一动作来延伸婴儿的视觉活动范围，使婴儿感觉距离、理解距离，发展手眼协调能力。其次，家长可以选择大小不一的玩具，来训练婴儿的抓握能力，促进手的灵活性和协调性。另外，通过游戏来教孩子玩不同玩法的玩具，如摇晃、捏、触

碰、敲打、掀、推、扔、取等，使他/她从游戏中学到手的各种技能。

教婴儿自己玩

这个阶段的婴儿已有一定活动能力了，成人不必始终陪伴在他/她身边，婴儿已经能翻身、独坐并逐渐学会爬行，只要注意玩耍环境的安全，就可让孩子独立玩耍。如果孩子醒得很早，家长还想多睡一会儿，可让闹钟在孩子通常醒来的时间5分钟以后再响，2天以后再推迟5分钟，以此类推，等闹钟响后，家长再起床。这样，孩子醒来可能又会重新入睡，或自己独立玩一会儿，等大人起床。如果孩子哭醒了，大人也不必急于去照料他/她，因为他/她很可能会自己安静下来。家长应该抽出时间陪孩子玩，但不要在孩子每次哭闹后才陪孩子玩，以免孩子养成用哭闹要求家长陪伴的习惯。

卫生习惯的培养

这个阶段的宝宝已经进入了出牙期，其间的不适可能导致宝宝心情烦躁，爸爸妈妈要耐心关爱宝宝，帮宝宝缓解不适。从宝宝开始萌出第一对乳牙开始，爸爸妈妈就要特别注意宝宝乳牙的护理。乳牙的好坏，对宝宝的咀嚼能力、发音能力，对后来恒牙的正常替换以及全身的生长发育都将有着非常重要的作用。乳牙的清洁方法很简单，让宝宝躺在怀中，妈妈用一只手固定幼儿的头部和嘴唇，另一只手拿婴儿专用的指套牙刷，蘸温开水为宝宝清洁牙齿的外侧面和内侧面。

4~6个月宝宝护理知识问答

宝宝4~6个月大的时候，应该掌握哪些护理知识呢？让我们一一为爸爸妈妈解答。

宝宝长时间积痰会引起哮喘吗？

很多爸爸妈妈都担心宝宝长时间积痰会引起哮喘。实际上，只要宝宝很精神，也不发热，经常发笑，吃奶也很好，就不需要特别护理。几乎所有有积痰的宝宝，随着渐渐长大症状都会大大减轻甚至完全消失，只有极少部分缺乏锻炼的宝宝，才会在长大后仍然有哮喘。

宝宝这时候可以使用学步车吗？

有些爸爸妈妈为了图方便，在宝宝4~5个月的时候，就把宝宝交给了学步车，省去了整天抱着看护宝宝的麻烦。但实际上，过早地使用学步车，对婴儿的成长发育是很不利的，存在着一些健康和安全隐患。

宝宝在1岁以前，踝关节和髋关节都没有发育稳定。学步车对宝宝的肢体发育是很不利的，可能会导致肌张力高、屈髋、下肢运动模式出现异常等问题，会直接影响宝宝将来的步态，如走路摇摆、踮脚、足外翻、足内翻等，严重的甚至还需要通过手术和康复治疗来纠正。再有，学步车只能帮助宝宝站立，而不能帮助他们学会走路。不仅如此，由于学步车的轻便灵活，宝宝能借助它轻易滑向家里的任何地方，这无疑会使他们在无意中遭到磕碰，导致意外伤害的发生。

所以，为了宝宝的健康成长，爸爸妈妈不应太早地给宝宝选择学步车，让宝宝自然而然地学会站立、走路，对宝宝才是最好的。

如何让宝宝适应固体食物？

在用固体食物喂养宝宝时，目标应该是让宝宝熟悉各种口味，而不是急着用固体食物取代母乳。最初，每天只需喂一次固体食物，宝宝只要吃下1茶匙的食物即可。要是宝宝看起来还想再吃一些，那下次便可以喂2茶匙食物。慢慢地，宝宝的食量将会稳定下来：每天需要2茶匙的固体食物。如果宝宝头一天吃得较多而次日较少，也不要担心，这种情况很常见。

上午8~9点，即两次喂奶的间隔期间是喂宝宝吃固体食物的好时机。因为很快便能吃到奶水，宝宝一般不会感到饥饿。你不必担心宝宝可能吃得太饱，因为对于头一次品尝的食物，他/她通常并不怎么感兴趣。等宝宝习惯了在固定的时间进食以后，便可以将喂固体食物与午间喂奶相结合起来了。

如果婴儿一直对你喂的固体食物有抵触，则很可能是想向你表示：他/她还没做好吃固体食物的准备。这样一来，你就应该再等一两个星期后才可以接着尝试。如果宝宝确实不想再吃，也不要强迫他/她吃。按照宝宝的意愿来行事非常重要，因为宝宝自己对于何时该停止进食有着很好的直觉。

宝宝这时候可以理发吗？

由于刚出生的宝宝颅骨较软，头皮柔嫩，理发时宝宝也不懂得配合，稍有不慎就可能弄伤宝宝的头皮。宝宝对细菌或病毒的感染抵抗力低，头皮的自卫能力不强，一旦头皮受伤就可能导致头皮发炎或形

成毛囊炎，甚至影响头发的生长。所以，给宝宝理发最好选在宝宝3个月以后。

在给宝宝理发的过程中，动作要轻柔，要顺着宝宝的动作，不可以和宝宝较劲。如果宝宝不合作、哭闹的话，应先暂停理发。由于宝宝的头发本来就很软，如果洗完发之后理，头发会更软，增加了理发难度，所以给宝宝理发一定要干发理，理好之后再洗发。

宝宝不哭不闹是正常现象吗?

每个宝宝不同的性格特点都是由个体间的体质不同所造成的，有的宝宝生来就好动，经常哭闹，而有的宝宝平时表现得比较安静，既不哭也不吵，经常会笑。在宝宝各项生长指标都正常的情况下这些都是正常的表现。但是如果宝宝特别安静，也很少活动，并且与同龄的宝宝相比，动作、语言、认知发育也显得落后的话，那么就要排查是否有发育或健康上的问题。

婴儿为何会腹痛?

有的婴儿啼哭起来十分有规律、时间很长，又没有明显的原因。这种情况下，宝宝可能是患有腹痛。约1/5的宝宝会患上这种疾病。没有人能确切地指出腹痛究竟是由什么原因引起的，但目前已经有许多理论上的研究。腹痛有时可能是因为宝宝对奶粉产生了过敏反应，而母乳喂养的宝宝，则有可能是对母亲吃的某种食物过敏。啼哭也可能是由于胃酸反流或肠胃胀气导致的不适。

如何安慰腹痛的宝宝?

减少外部刺激——关掉顶灯、音乐和电视。然后采取下列措施:

🌼 1.用一条薄毛毯或围巾作为襁褓包裹好宝宝;抱紧宝宝，轻轻按压宝宝的腹部，用前臂捧起宝宝，运用"治腹痛抱姿"。

🌼 2.在宝宝耳边发出"嘘"声，把宝宝抱在怀里轻轻摇晃。

🌼 3.让宝宝的小嘴含吸某物品，如你的小手指或者橡皮奶嘴。

🍄4~6个月的宝宝游戏

宝宝4~6个月，可以玩哪些游戏呢？让我们一起来发现吧！

肢体游戏

🔹**活动方式：**

1.趴下伸展：宝宝趴着时，可以从背后轻轻地拉着他/她的两只小手臂，做上身抬起的动作。

2.动手动脚：协助宝宝动动手脚。握住宝宝的双手或是双脚，弯曲一下再伸展开来，来回数次。也可以做上下左右、分开并拢的动作，以锻炼宝宝的肌肉和关节。

发声游戏

🔹**活动方式：**

1.在距离宝宝30厘米的上方拍手，或是敲打准备好的物品，让宝宝顺着声音将头转向声音来源的方向。

2.将声音来源由正上方慢慢往左侧移动，再回到正上方，接着移动到右侧；反复几次，以引起宝宝对玩具的兴趣，并发出声音来。

触觉游戏

活动方式：

1.将玩具车放在宝宝的眼前，为宝宝示范轻轻推动小车。

2.让宝宝的小手试着开始触碰小车等玩具，并引导宝宝自己进行游戏。

语言游戏

活动方式：

1.当宝宝越来越大时，清醒的时间也越来越长。这时可以抱着宝宝探索家里的环境，并且向他/她一一介绍："这是房间，宝宝睡觉的地方""这是浴室，宝宝洗澡的地方"等。

2.物品介绍：可以从宝宝日常生活中使用的物品开始，例如奶瓶、衣服、尿布等。

3.亲子阅读：这时选读的故事以图片为主，阅读时可以抱着宝宝。

鞋 shoes   袜子 socks

到户外散步

🍄 活动方式：

1.天气好的时候，带着宝宝到附近公园散散步，接触公园里的自然景物。

2.当听到鸟叫声或狗叫声时，可以告诉宝宝："这是小鸟、这是小狗"等。

3.抱着宝宝闻闻公园里的花香，摸摸大树，或是听听流水的声音，让宝宝多多接触大自然。

手摇铃真好玩

🍄 活动方式：

1.拿起手摇铃示范给宝宝看如何摇动。

2.将手摇铃放在宝宝容易拿取的范围内。

3.鼓励宝宝拿起手摇铃摇动。

4.每当宝宝摇晃出声音时，即使只有一点声响，也要给予鼓励。

5.也可以播放音乐，当音乐响起时就让宝宝玩手摇铃。

4～6个月宝宝的饮食与喂养

4～6个月的婴儿，饮食仍以母乳为主，并可以开始逐渐添加辅食了，添加辅食可补充宝宝所需营养，同时还能锻炼宝宝的咀嚼、吞咽和消化能力，促进宝宝的牙齿发育，另外也为今后的断奶做准备。

🍄 添加辅食的时机

一般从4～6个月开始就可以给宝宝添加辅食了，但每个宝宝的生长发育情况不一样，存在着个体差异，因此添加辅食的时间也不能一概而论。父母可以通过以下几点来判断是否可以开始给孩子添加辅食。

体重

婴儿体重需要达到出生时的2倍以上，至少达到6千克，这时候便可以添加辅食了。

发育

宝宝能控制头部和上半身，能够扶着或靠着坐，胸能挺起来，头能竖起来。宝宝可以通过转头、前倾、后仰等来表示想吃或不想吃，这样就不会发生强迫喂食的情况。

吃不饱

宝宝经常半夜哭闹，或者睡眠时间越来越短，每天喂养次数增加，但宝宝仍处于饥饿状态，一会儿就哭，一会儿就想吃。

行为

如别人在宝宝旁边吃饭时，宝宝会感兴趣，可能还会来抓勺子、抢筷子。如果宝宝将手或玩具往嘴里塞，说明宝宝对吃饭有了兴趣。

添加辅食的原则

辅食分两大类，一类是在平常成人饮食的，并经过加工制作而成的婴儿辅食。比如用榨汁机搅拌，用汤勺挤压等家庭简单制作的辅食类，鸡蛋、豆腐、薯类、鱼肉、猪肉等都是上好的选料。另一类则可选择现成的辅食，如婴儿营养米粉。从4～6个月开始，宝宝因大量营养需求而必须添加辅食，但是此时宝宝的消化系统尚未发育完全，如果辅食添加不当容易造成消化系统紊乱，因此在辅食添加方面需要掌握一定的原则和方法。

添加辅食要循序渐进

由于宝宝在此阶段的摄食量差别较大，因此要根据宝宝的自身特点掌握喂食量，辅食添加也应如此。添加辅食要循序渐进，由少到多，由稀到稠，由软到硬，由一种到多种。开始时可先加泥糊样食物，每次只能添加一种食物，还要观察3～7天，待宝宝习惯后再加另一种食物，如果孩子拒绝饮食就不要勉强，过几天后可再试一次。每次添加新的食物时，要观察宝宝的大便性状有无异常变化，如有异常要暂缓添加。最好在哺乳前给宝宝添加辅食，饥饿中的宝宝更容易接受新食物，当宝宝生病或天气炎热时，也不宜添加辅食。给宝宝添加新的食物时，一天只能喂1次，而且量不要大。另外，在宝宝快要长牙或正在长牙时，父母可把食物的颗粒逐渐做得粗大一点儿，这样有利于促进宝宝牙齿的生长，并锻炼宝宝的咀嚼能力。

添加辅食的最佳时机

给宝宝添加辅食最理想的时机，是在他/她4～6个月的时候。在4个月以前，宝宝的消化器官还没发育成熟，添加辅食会影响营养的消化和吸收，进而影响宝宝的健康；添加得过晚，会影响宝宝顺利断奶。从4个月开始，宝宝进入了学习咀嚼及味觉发育的敏感期。4个月的宝宝除了吃奶以外，逐渐增加半流质的食物，可为宝宝以后吃固体食物作准备。一般情况下，婴儿五六个月开始对食物表现出很大的兴趣，并且能够伸手抓取食物，此时让宝宝尝试新的食物，由于新的口感和味道的刺激，婴儿可学会在口腔中移动食物，也很容易学会咀嚼吞咽。在这段时间中，有些宝宝的体重增加较慢，而且宝宝在每次吃饱后没过多久，又会迫切要求吃奶，就说明乳汁已经不能满足其生长的需要，要给宝宝添加辅食了。此时添加辅助食物的另一个重要因素是为婴儿补充铁质。总之，当婴儿满4个月后，不论母乳分泌量的多少，都应开始给孩子添加辅助食品。

🍄 辅食的添加方法

蛋黄的添加方法

　　婴儿出生3～4个月后，体内贮存的铁已基本耗尽，仅喂母乳或牛奶已满足不了婴儿生长发育的需要。因此，从4个月开始需要添加一些含铁丰富的食物，而鸡蛋黄是比较理想的食材之一，它不仅含铁多，还含有小儿需要的其他各种营养素，比较容易消化，添加起来也十分方便。

　　取熟鸡蛋黄四分之一个，用小勺碾碎，直接加入煮沸的牛奶中，反复搅拌，牛奶稍凉后喂哺婴儿。或者取四分之一生鸡蛋黄加入牛奶和肉汤各一大勺，混合均匀后，用小火蒸至凝固，稍后用小勺喂给婴儿。给婴儿添加鸡蛋黄要循序渐进，注意观察婴儿食用后的表现，可先试喂四分之一的鸡蛋黄，3～4天后，如果孩子消化很好，大便正常，无过敏现象，可加喂到鸡蛋黄的二分之一，再观察一段时间无不适情况，即可增加到 1个鸡蛋黄。

淀粉类食物的添加方法

　　宝宝在3个月后唾液腺逐渐发育完全，唾液量显著增加，富含淀粉酶，因而满4个月起婴儿即可食用米糊或面糊等食物，即使乳量充足，仍应添加淀粉食品以补充能量，并培养婴儿用匙进食半固体食物的习惯。初食时，可将营养米粉调成糊状，开始较稀，逐渐加稠，要先喂一汤匙，逐渐增至3～4汤匙，每日2次。自5个月起，乳牙逐渐萌出，可改食烂粥或烂面。一般先喂大米制品，因其比小麦制品较少引起婴儿过敏。6个月以前的婴儿应以乳汁为主食，6个月以后可在哺乳后添喂少量米糊，以不影响母乳量为标准。

若宝宝不爱吃米糊，可试着在米糊中添加配方奶粉，增加牛奶的香味和甜味宝宝会比较愿意尝试。

米粉与米汤的添加方法

刚开始添加米粉时1～2勺即可，需用水调和均匀，不宜过稀或过稠。婴儿米粉的添加应该循序渐进，有一个从少到多、从稀到稠的过程，米汤能促进宝宝消化系统的发育，也为宝宝添加粥、米粉等淀粉辅食打下良好基础。做法是将锅内水烧开后，放入淘洗干净的大米，煮开后再用文火煮成烂粥，取上层米汤即可食用。

蔬菜与水果的添加方法

在辅食添加初期，当宝宝能熟练地吃米粉等谷类食物后，就可以尝试提供其他新的辅食，如蔬菜和果汁。妈妈需要谨记的是，必须先让宝宝尝试蔬菜，然后才是水果。婴儿没胃口时，不要硬喂。妈妈可以试着将蔬菜和水果混合，例如苹果和胡萝卜，或香蕉和白菜。根据婴儿的食欲，逐渐增加餐次和每餐的量。到 6个月时，婴儿仍应在继续吃母乳或配方乳的基础上，每天吃两餐谷物、水果和蔬菜。

鱼泥与肝泥的添加方法

鱼类营养丰富，鱼肉纤维细嫩，最适合婴儿食用。婴儿到了4个月以后，就可以吃鱼泥了。做鱼泥的方法很简单，把鱼放少量盐以后清蒸，蒸的时间为8～10分钟，然后取去长骨，把鱼肉撕裂，用匙研碎，拌到米糊或稀饭里，不仅营养丰富，而且美味可口，可以增加食欲，消化吸收率在95%左右。

肝泥的制作猪肝含铁十分丰富，还含有维生素B_2和胡萝卜素及烟酸。婴儿到6个月以后，可以吃猪肝。猪肝泥常用的做法有两种：一种是把猪肝煮得嫩一点儿，切成薄片，用匙研碎，拌入米糊或稀饭中；另一种是煮粥的时候，把猪肝切开，在剖面上用刀刮，稀饭在滚开时，把猪肝一点点地刮下去，随着温度上升，肝泥也就煮熟了。

🍄 4～6个月宝宝营养食谱

🍴 蛋黄牛奶

⊙ 原料

鸡蛋1个，婴儿配方奶适量。

⊙ 做法

① 将鸡蛋煮熟，去壳取蛋黄，用筛碗或勺子将蛋黄碾成泥。
② 将婴儿配方奶按适用量冲调好。
③ 取适量蛋黄加入配方奶中拌匀即可。

🍴 玉米汁

⊙ 原料

新鲜玉米1/3个，温开水适量。

⊙ 做法

① 将玉米放入锅中煮熟，凉凉后把玉米粒掰下，放到榨汁机里。
② 再加入温开水，按1∶1的比例，将之榨成汁即可。

🍽 豆腐鱼蒸蛋

⊙ 原料

去净鱼刺的鱼肉、豆腐各50克，鸡蛋1个。

⊙ 调料

姜末、料酒各少许。

⊙ 做法

① 鱼肉剁碎，用料酒和姜末搅拌；豆腐洗净，捣碎。
② 鸡蛋打到碗里，搅拌均匀，然后加水拌匀之后加入鱼肉和豆腐拌好。
③ 锅内加水，水沸后，把盛满蛋液的容器放入锅内，蒸10分钟左右即可。

🍽 番茄米汤

⊙ 原料

番茄半个，米汤少许。

⊙ 做法

① 番茄洗净，用沸水烫一下，去外皮和子，切成块。
② 将番茄放入搅拌机中搅打成泥。
③ 锅中放米汤烧开，倒入番茄泥再煮沸即可。

温补杏仁豆浆

⊙ 原料

水发黄豆55克，杏仁20克。

⊙ 做法

① 将已浸泡8小时的黄豆倒入碗中，放入杏仁，加清水用手搓洗干净，沥干水分。把洗好的食材倒入豆浆机中，注水至水位线即可。

② 盖上豆浆机机头，选择"五谷"程序，再选择"开始"键。待豆浆机运转约15分钟，即可滤取豆浆。

③ 倒入碗中，捞去浮沫，待稍微放凉后即可饮用。

牛奶黑芝麻豆浆

⊙ 原料

牛奶30毫升，黑芝麻20克，水发黄豆50克。

⊙ 做法

① 将已浸泡8小时的黄豆用清水搓洗干净；倒入滤网中，沥干水分。

② 把黄豆、牛奶、黑芝麻倒入豆浆机中，注水至水位线即可；盖上机头，选择"五谷"程序，再按"开始"键，开始打浆。

③ 待豆浆机运转约15分钟，即成豆浆，滤取豆浆。

④ 倒入碗中，用汤匙撇去浮沫即可。

🍽 红枣核桃米糊

⊙ 原料

水发大米100克，红枣肉15克，核桃仁25克。

⊙ 做法

① 取豆浆机，倒入洗净的大米。
② 放入备好的核桃仁、红枣肉。
③ 注水至水位线，盖上豆浆机机头；选择"五谷"程序，按"开始"键，开始打浆。
④ 待豆浆机运转约30分钟，制成米糊。
⑤ 断电后取下机头，倒出米糊。
⑥ 装入碗中，待稍微放凉后即可食用。

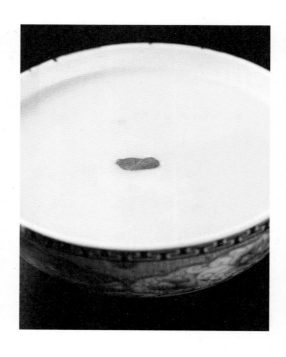

🍽 苋菜米汤

⊙ 原料

苋菜50克，米汤1碗。

⊙ 做法

① 将苋菜去老叶及根，洗净后切成小段备用。
② 锅中加少许水烧沸，下入苋菜段焯约2分钟，滤出苋菜汁。
③ 将苋菜汁与米汤混合即可。

玉米苹果酱

◉ 原料

苹果半个，玉米面1匙。

◉ 调料

白糖少许。

◉ 做法

① 将玉米面和适量水调匀成玉米面糊备用。

② 苹果洗净后去皮剔子，磨碎成苹果酱。

③ 将玉米面糊倒入锅内煮沸，放入苹果酱搅拌，煮片刻后稍稍加点水，再用中火煮至呈糊状，加白糖搅匀即可。

菠菜蛋羹

◉ 原料

菠菜100克，鸡蛋1个。

◉ 做法

① 将菠菜取叶洗净，放入榨汁机中榨出汁。

② 鸡蛋取蛋液打散，加入菠菜汁和少许温水拌匀。

③ 放入蒸锅蒸至凝固即可。

🍽 白萝卜稀粥

⊙ 原料

大米40克，白萝卜200克。

⊙ 做法

① 将大米浸泡30分钟，搅碎。
② 白萝卜洗净去皮，切成小块。
③ 将小块萝卜放入榨汁机，加少许温水，榨取萝卜汁。
④ 取砂锅，放入米碎煮开，再加入萝卜汁，边煮边搅拌，煮15分钟左右至米熟烂即可。

🍽 玉米露

⊙ 原料

嫩玉米粒50克，荸荠2个，配方奶400毫升。

⊙ 做法

① 将嫩玉米粒洗净，煮熟备用。
② 荸荠去皮，用开水浸泡一会儿，取出切成丁。
③ 将嫩玉米粒和荸荠放入搅拌机中，加入配方奶，搅打成玉米露，入锅中煮沸即成。

西瓜汁

◉ 原料

西瓜一大块。

◉ 做法

① 西瓜去皮和子，取净瓜肉，切成小块。
② 把西瓜块放入榨汁机中，搅打成汁。
③ 再用洁净纱布过滤一下，即可给宝宝喂食。

面条汤

◉ 原料

婴儿面条20克。

◉ 做法

① 将婴儿面条剪成小段备用。
② 锅中加适量水烧开，放入面条段，煮至面条熟烂。
③ 滤取面条汤汁，晾温后喂食宝宝。

胡萝卜汁

⊙ 原料

新鲜的胡萝卜1根。

⊙ 做法

① 将新鲜的胡萝卜洗净，削去皮，并切成块状。
② 将胡萝卜块放入榨汁机中榨成汁。
③ 往汁液中加1倍的温开水稀释，即可喂食。

虾皮鸡蛋羹

⊙ 原料

鸡蛋1个，虾皮4克。

⊙ 调料

生抽、香油各少许。

⊙ 做法

① 虾皮洗净，浸泡10分钟，切细。
② 将鸡蛋打入碗中，加入生抽、香油搅打均匀，再加入凉开水调匀。
③ 将调好的鸡蛋液放入蒸锅中，蒸至蛋液凝固，放入虾皮，再蒸2分钟即可。

PART 04

7~9个月宝宝的
日常护理

　　7~9个月的婴儿，其智力和运动能力发展都很快，对一切都很好奇。这个时期的婴儿，添加辅食应多样化，为断奶做好准备。同时，宝宝的免疫力会有所降低，患病的概率增加，父母应注意加强对宝宝的照顾。7~9个月的宝宝处于婴儿中期，生长的速度较前半年有所减慢，这一时期宝宝的胃容量已经达到200毫升左右，为了满足宝宝生长发育的需要，应多次喂哺。

7个月宝宝的生理特征

满半岁的宝宝身体发育开始趋于平缓，如果下牙床中间的两个门牙还没有长出来的话，这个月也许就会长出来。如果已经长出来，上牙床当中的两个门牙也许快长出来了。

7个月宝宝的身体特点

体重、身高及牙齿等

满6个月时，男宝宝的体重为7.4～9.8千克，女宝宝的体重为6.8～9.0千克，本月可增长0.45～0.75千克。男宝宝的身高为62.4～73.2厘米，女宝宝为60.6～71.2厘米，本月平均可以增高2厘米。一般在这个月，宝宝的囟门和上个月差别不大，还不会闭合。发育快的宝宝在这个月初已经长出了两颗下门牙，到月末有望再长两颗上门牙，而发育较慢的宝宝也许这个月刚刚出牙，也许依然还没出牙。出牙的早晚个体差异很大，所以如果宝宝的乳牙在这个月依然不肯"露面"的话，家长也不必太过分担心。

7个月宝宝的几项能力

视觉和听觉能力

7个月的宝宝在视觉方面能力进一步地提高。他/她开始能够辨别物体的远近和空间；喜欢寻找那些突然不见的玩具。在听觉上也有很大进步，会倾听自己发出的声音和别人发出的声音，能把声音和声音的内容联系在一起。

语言发展能力

此时家长参与孩子的语言发育过程更加重要，这时宝宝开始主动模仿说话声，在开始学习下一个音节之前，宝宝会整天或几天一直重复这个音节。能熟练地寻找声源，听懂不同语气、语调表达的不同意义。现在宝宝对你发出的声音的反应更加敏锐，并尝试跟着你说话，因此要像教他/她叫"爸爸"和"妈妈"一样，耐心地教他/她一些简单的音节和诸如"猫""狗""热""冷""走""去"等词汇。

运动能力

如果你把宝宝扶成坐直的姿势，他/她将不需要用手支持而仍然可以保持坐姿。孩子从卧位发展到坐位是动作发育的一大进步。当宝宝从这个新的起点观察世界时，他/她会发现用手可以做很多令人惊奇的事情。他/她可能已经学会如何将物品从一只手转移到另一只手，从一侧到另一侧转动并反转。此时婴儿翻身动作已相当灵活了。

情绪和社交发展能力

此时的孩子已经能够区别亲人和陌生人了，看见看护自己的亲人会高兴，从镜子里看见自己会微笑，如果和他/她玩藏猫儿的游戏，他/她会很感兴趣。这时的宝宝会用不同的方式表示自己的情绪，如用哭、笑来表示喜欢和不喜欢。这个时期的宝宝能有意识地较长时间注意感兴趣的事物，不过宝宝仍有分离焦虑的情绪。

认知发展能力

此时的宝宝，玩具丢了会找，能认出熟悉的事物，对叫自己的名字有反应，能跟妈妈打招呼，会自己吃饼干，出现认生的行为，对许多东西表现出害怕的样子。能够理解简单的词义，懂得大人用语言和表情表示的表扬或批评；能记住3～4个离别一星期的熟人；会用声音和动作表示要大小便。

⚘ 7个月宝宝常见问题及处理

睡眠问题

6～7个月宝宝的睡眠，总的趋势仍然是白天睡眠时间及次数会逐渐减少，一天总的睡眠时间应有13～14小时。大多数的宝宝，白天基本上要睡2～3次，一般是上午睡1次，下午睡1～2次，每次1～2小时不等。夜间一般要睡眠10小时左右。在这10小时当中，夜里不吃奶的宝宝可以一觉睡到大天亮，而夜里吃奶的宝宝通常会在中间醒一次并在吃奶后再次入睡。

宝宝如果在夜间睡得足，不仅有利于宝宝和大人的休息，更重要的是有利于宝宝的身体发育。所以对于夜里习惯吃奶的宝宝，可以采取在入睡前喂奶加辅食的方法，来克服夜间吃奶的习惯，保证高效的睡眠质量，最好给宝宝换一个不会被噪声干扰的房间。此外，延迟早餐、控制白天的睡觉时间以及晚上让宝宝晚点儿入睡也是解决宝宝早上醒得过早的比较好的办法。

爸爸妈妈要注意不要给宝宝穿太多的衣服，被子也不要太厚，卧室的环境要保持安静，光线要昏暗，还要注意不能让宝宝在睡前吃得太饱。要及时纠正不好的睡眠习惯，爸爸妈妈要多观察宝宝的睡姿，发现有不好的睡姿就应及时调整。如果宝宝患有佝偻病、蛲虫病、发热、小儿肺炎，以及出麻疹等，都会影响睡眠。只要疾病治愈，睡眠的问题也会不治自愈。

便秘

满6个月的宝宝能吃各种代乳食品，如果发生便秘的话，可以用食物进行调节。多给宝宝一些粗纤维食物，如玉米、豆类、油菜、韭菜、芹菜、荠菜、花生、核桃、桃、柿、枣、橄榄等，可以促进肠蠕动，缓解便秘。此外，辅食中含有的大量的B族维生素等，可促进肠子肌肉张力的恢复，对通便很有帮助。

从三四个月起就可以训练宝宝定时排便。因进食后肠蠕动加快，常会出现便意，故一般宜选择在进食后让宝宝排便，建立起大便的条件反射，就能起到事半功倍的效果。还要让宝宝积极进行户外运动，如跑、爬、跳、骑小车、踢球等，以此增强腹肌的力量，并且可促进肠管蠕动。需要注意的是，如果宝宝便秘多日之后，又出现腹胀、腹痛、呕吐并伴发热症状，应及时就医，以防肠梗阻的发生。

睡觉踢被子

常有爸爸妈妈半夜醒来，发现宝宝把被子踢开了，"光"着睡，于是惊出一身冷汗。其实，宝宝踢被子有很多种原因，只要找准原因，对症下药，就能解决这个问题。

感觉统合失调。宝宝踢被子有可能是因为感觉综合失调，大脑对睡眠和被子的感觉不准所造成的。对于这样的宝宝，要通过一些有效的心智运动来"告诉"宝宝的大脑，让它发出正确的睡眠指挥信号。例如，可以在每晚睡觉前，先指导宝宝爬行推球15~20分钟，然后让宝宝进行两足交替、单足跳、双足直向跳、双足横向跳等多种行走方式的交替训练，时间在20分钟以上，也可以借助专门的脚步训练器进行。只要坚持引导宝宝做，就能有意想不到的收效。

鹅口疮

鹅口疮又名雪口病、白念菌病，是婴儿的一种常见口腔疾病。患儿口腔黏膜可见白色斑点，以颊部黏膜多见，但齿龈、舌面、上腭都可受累，重者可蔓延到悬雍垂、扁桃体等，口腔黏膜较干、多有流涎。鹅口疮好发于颊舌、软腭及口唇部的黏膜，白色的斑块不易用棉棒或湿纱布擦掉，周围无炎症反应，擦去斑膜后可见下方不出血的红色创面，斑膜面积大小不等。

鹅口疮比较容易治疗，可用1％碳酸氢钠（小苏打）溶液清洁口腔；也可用制霉菌素溶液（50万单位制霉菌素1片加20毫升蒸馏水或鱼肝油）20毫升涂患处，每日3~4次，直至痊愈后再治疗2~3天。同时要保持餐具和食物的清洁，奶瓶、奶头、碗勺等专人专用，使用后用碱水清洗，煮沸消毒。母乳喂养的母亲的乳头也应同时涂药，并做好清洁工作。

幼儿急疹

幼儿急疹又称婴儿玫瑰疹，常见于6~12个月的健康婴儿，通常由呼吸道带出的唾沫而传播。婴儿患了幼儿急疹一般不用特殊治疗，只要加强护理和给予适当的对症治疗，几天后就会自己痊愈。

宝宝患上幼儿急疹后，爸爸妈妈要让宝宝多卧床休息，尽量少去户外活动，注意隔离，避免交叉感染；发热时宝宝的饮水量会明显减少，造成出汗和排尿减少，所以要给宝宝多喝水，以补充体内的水分；给予流质或半流质的容易消化的食物，适当补充B族维生素和维生素C等。如果体温较高，宝宝出现哭闹不止、烦躁等情况的话，可以给予物理降温或适当应用少量的退热药物，将体温控制在38.5℃以下，以免发生惊厥。另外，还要帮助宝宝每天至少排便一次，必要时可使用开塞露辅助排便。注意保持宝

宝皮肤的清洁，经常给宝宝擦去身上的汗渍，以避免着凉和继发感染。由于幼儿急疹既不怕风也不怕水，所以出疹期间，也可以像平时那样给宝宝洗澡，但不要给宝宝穿过多衣服，保证皮肤能得到良好的通风。

宝宝尿异常

正常情况下，宝宝的尿色大多呈现出无色、透明或浅黄色，存放片刻后底层稍有沉淀；饮水多、出汗少的宝宝尿量多而色浅，饮水少、出汗多的宝宝则尿量少而色深；通常早晨第一次排出的尿，颜色要较白天深。正常的尿液没有气味，搁置一段时间后由于尿中的尿素会分解出氨，所以会有一些氨气味。这个月的宝宝如果尿色发红则通常是血尿，有可能是患上了泌尿系统疾病，如各种肾炎、尿路感染、尿路结石、尿路损伤、尿道畸形等，也可能是全身疾病，如出血性疾病及维生素C、维生素K缺乏，还可由服药或邻近器官疾病导致。

如果宝宝尿色发黄，可能是上火的表现。如果宝宝的尿色深黄且伴有发热、乏力、食欲明显减退、恶心、呕吐等不适，并在腹部肝区的部位有触痛，则可能是患了黄疸性肝炎。

乳白色尿液同时还带有腥臭，可能是脓尿，常见于尿路感染、先天性尿路畸形等。

宝宝大便异常

宝宝的正常大便为黄色或棕色，软条状或糊状，软硬度与宝宝饮食和排便次数有关。另外在添加辅食后会有一定的臭味，但不及成人。

异常的大便形状有：蛋花汤样大便，呈黄色，水分多而粪质少，是病毒性肠炎和致病性大肠杆菌性肠炎的信号。果酱样大便，多见于肠套叠患者。红豆汤样大便，提示坏死性小肠炎。海水样大便，腥臭且黏液较多，有片状假膜，常为金黄色葡萄球菌性肠炎。豆腐渣样便，常见于长期应用抗生素和肾上腺皮质激素的婴儿，为继发真菌感染。白陶土样大便，大便呈灰白色，是胆汁不能流入肠管所致，是胆管阻塞的信号。脓血便，大便有鼻涕样黏液和血混合，多见于细菌性痢疾。

舌头异常

如果观察宝宝的小舌头，发现舌上有一层厚厚的黄白色垢物，舌苔黏厚，不易刮去，同时口中会有一种又酸又臭的馊气味道。这种情况多是因平时饮食过量，或进食油腻食物，脾胃消化功能差而引起的。当宝宝出现这种舌苔时，首先要保证饮食清淡，食欲特别好的宝宝此时应控制每餐的进食量。如果宝宝出现了乳食积滞的话，可以酌情选用有消食功效的药物来消食导滞，保证大便畅通。

如果观察到宝宝舌体缩短、舌头发红、经常伸出口外、舌苔较少或虽有舌苔但少而发干的话，一般多为感冒发热，体温较高的话舌苔会变成绛红色。如果同时伴有大便干燥和口中异味的话，就是某些上呼吸道感染的早期或传染性疾病的初期症状。如果发热严重，并看到舌头上有粗大的红色芒刺犹如杨梅一样，就应该想到是猩红热或川崎病。

地图舌是指舌体淡白，舌苔有一处或多处剥脱，剥脱的边高突如框，形如地图，每每在吃热食时会有不适或轻微疼痛。地图舌一般多见于消化功能紊乱，或患病时间较久，使体内气阴两伤时。对于这样的情况，平时要多给宝宝喂新鲜水果制作的果汁，以及新鲜的、颜色较深的绿色或红色蔬菜制作的蔬菜汁。可以用适量的桂圆肉、山药、白扁豆、红枣，与薏米、小米一同煮粥食用，如果配合动物肝脏一同食用，效果将会更好。

8个月宝宝的生理特征

8个月的宝宝不论体重、身高还是头围，增长速度都在放缓，大多能长出2～4颗乳牙。

🍄8个月宝宝的身体特点

体重

8个月男宝宝体重为7.8～10.3千克，女宝宝体重为7.2～9.1千克，本月可增重为0.22～0.37千克。

身高

男宝宝此时的身高为64.1～74.8厘米，女宝宝为62.2～72.9厘米，本月可增高1.0～1.5厘米。

头围

男宝宝的本月头围平均值为45厘米，女宝宝平均值为43.8厘米，在这个月头围平均增长0.6～0.7厘米。囟门还是没有很大变化，和上一个月看起来差不多。

🍄8个月宝宝的几项能力

视觉能力

这个月龄的宝宝对看到的东西有了直观思维和认识能力，如看到奶瓶就会与吃奶联系起来，看到妈妈端着饭碗过来，就知道妈妈要喂他/她吃饭了；如果故意把一件物品用另外一种物品挡起来，宝宝能够初步理解那种东西仍然还在，只是被挡住了；开始有兴趣有选择地看东西，会记住某种他/她感兴趣的东西，如果看不到了，可能会用眼睛到处寻找。

语言发展能力

孩子的发音从早期的咯咯声，或尖叫声，向可识别的音节转变。他/她会笨拙地发出"妈妈"或"拜拜"等声音。当你感到非常高兴时，他/她会觉得自己所说的具有某些意义，不久他/她就会利用"妈妈"的声音召唤你或者吸引你的注意。

这一阶段的婴儿，明显地变得活跃了，能发的音也明显地增多了。当宝宝吃饱睡足情绪好时，常常会主动发音，发出的声音不再是简单的韵母"a""e"声了，而出现了声元音"pa""ba"等。还有一个特点就是能够将声母和韵元音一起连续发出，出现了连续音节，如"ba-ba-ba""da-da-da"等，所以也称这年龄阶段的孩子的语言发育处在重复连续音节阶段。

除了发音之外，孩子在理解成人的语言上也有了明显的进步。他/她已能把母亲说话的声音和其他人的声音区别开来，可以区别成人的不同的语气，如大人在夸奖他/她时，他/她能表示出愉快的情绪；听到大人在责怪他/她时，表示出懊丧的情绪。

此时婴儿还能"听懂"成人的一些话，并能做出相应的反应。如成人说"爸爸呢"，婴儿会将头转向父亲；对婴儿说"再见"，他/她就会做出招手的动作，表明婴儿已能进行一些简单的言语交流了。能发出各种单音节的音，会对着他/她的玩具说话。能发出"大大、妈妈"等双唇音，能模仿咳嗽声、舌头"喀喀"声或咂舌声。

孩子还能对熟人以不同的方式发音，如对熟悉的人发出声音的力量和高兴情况与陌生人相比有明显的区别。他/她也会用 1～2种动作表示语言。

运动能力

此时孩子可以在没有支撑的情况下坐起，而且坐得很稳，可独坐几分钟，还可以一边坐一边玩，还会左右自如地转动上身也不会倾倒。尽管他/她仍然不时向前倾，但几乎能用手臂支撑身体了。

因为现在他/她已经可以随意翻身，一不留神他/她就会翻动，可由俯卧位翻成仰卧位，或由仰卧位翻成俯卧位，所以在任何时候都不要让孩子独处。此时的宝宝已经达到新的发育里程碑——爬。刚开始的时候宝宝爬有三个阶段，有的孩子向后倒着爬，有的孩子原地打转，还有的是匍匐向前，这都是爬的一个过程。等宝宝的四肢协调得非常好以后，他/她就可以立起来手膝爬了，而且头颈抬起，胸腹部离开床面，可在床上爬来爬去。此时他/她也许非常喜欢听"唰唰"的翻书声和撕纸声，不论有没有出牙，都会吃小饼干，能做出咀嚼的动作。

情绪和社交发展能力

如果对孩子十分友善地谈话，宝宝会很高兴；如果你训斥他/她，他/她会哭。从这点来说，此时的宝宝已经开始能理解别人的感情了。而且喜欢让大人抱，当大人站在孩子面前，伸开双手招呼孩子时，孩子会发出微笑，并伸手表示要抱。

认知发展能力

此时的孩子对周围的一切充满好奇，但注意力难以持续，很容易从一个活动转入另一个活动。对镜子中的自己有拍打、亲吻和微笑的举动，会移动身体拿自己感兴趣的玩具。懂得大人的面部表情，大人夸奖时会微笑，训斥时会表现出委屈的样子。

🍄8个月宝宝常见问题及处理

睡眠问题

8个月的宝宝每天需要14~16小时的睡眠时间，白天可以只睡2次，上午和下午各1次，每次2小时左右，下午睡的时间比上午稍长一点儿。夜里一般能睡10小时左右，如果宝宝不肯睡觉，爸爸妈妈不要为了让宝宝入睡而抱着或拍着来回走，这会让宝宝养成不良习惯。爸爸妈妈要记住，睡眠是宝宝的生理需要，傍晚不睡觉的宝宝大概到了晚上八九点就入睡了，一直能睡到第2天早上七八点。如果半夜尿布湿了的话，只要宝宝睡得香，可以不马上更换。但如果宝宝有尿布疹或屁股已经红了，则要随时更换尿布。如果宝宝大便了，要立即更换尿布。

当宝宝睡觉的时候，爸爸妈妈要时刻关注宝宝的冷暖，如果因不好掌握而总放心不下的话，可以用手摸一摸宝宝的后颈，摸的时候注意手的温度不要过冷，也不要过热。如果宝宝的温度与你的手的温度相近，就说明温度适宜。如果发现颈部发冷时，说明宝宝冷了，应给宝宝加被子或衣服。如果感到湿或有汗，说明可能有些过热，可以根据盖的情况去掉毯子、被子或衣服。

挑食

随着宝宝的逐渐长大，味觉发育得越来越成熟，吃的食物花样越来越多，对食物的偏好就表现得越来越明显，而且有时会用抗拒的形式表现出来。许多过去不挑食的宝宝现在也开始挑食了。宝宝对不喜欢吃的东西，即使已经喂到嘴里也会用舌头顶出来，甚至会把妈妈端到面前的食物推开。

但是，宝宝此时的这种"挑食"并不同于几岁宝宝的挑食。宝宝在这个月龄不爱吃的东西，可能到了下个月龄时就爱吃了，这也是常有的事。爸爸妈妈不必担心宝宝此时的"挑食"会形成一种坏习惯。不管是宝宝多爱吃的食物，总吃都会吃够的，所以就要求爸爸妈妈要想方设法变着花样给宝宝做吃的，就算宝宝再爱吃一样东西也不能总给他/她吃，否则他/她很快就会吃腻的。如果宝宝在一段时间里对一种食物表示抗拒的话，爸爸妈妈也不要着急，可以改由另外一种同样营养含量的食物替代，这样就不会导致宝宝营养的缺乏。千万不能强迫宝宝，以免其产生厌食症。

宝宝拒吃固体食物

有些宝宝不怎么喜欢吃固体食物。如果在你第一次拿固体食物给宝宝吃时，宝宝好像不大感兴趣，那很可能是因为宝宝还没有准备好吃固体食物。你可以再等一两个星期，然后再给宝宝吃固体食物。

有些宝宝平时很爱吃固体食物，但也会时不时地拒绝吃固体食物，特别在生病或者长牙期间。当你遇到这种问题时，应该保持平静，千万不要着急。继续给宝宝提供固体食物，但是不要强迫他/她，让宝宝自己决定吃还是不吃。在觉得合适时，大部分宝宝都会重新开始吃固体食物，虽然有时需要几个星期才能完全恢复。

同样，有些时候，宝宝只吃某几种食物，比如水果和烤面包，而他/她先前常吃的食物却碰都不碰一下，这是正常现象。不过，你仍得给宝宝提供各种不同的食物，让宝宝自己决定吃哪些。

抽风

这个月龄的宝宝最常见的是高热引起的惊厥，表现为体温高达39℃以上，或在体温突然升高之时，发生全身或局部肌群抽搐，双眼球凝视、斜视、发直或上翻，伴意识丧失，停止呼吸1～2分钟，重者出现口唇青紫，有时可伴有大小便失禁。一般高热过程中发作次数仅一次者为多。历时3～5分钟，长者可至10分钟。

当发生高热惊厥时，爸爸妈妈切忌慌张，要保持安静，不要大声叫喊；先使患儿平卧，将头偏向一侧，以免分泌物或呕吐物将患儿口鼻堵住或误吸入肺；解开宝宝的领口、裤带，用温水、酒精擦浴头颈部、两侧腋下和大腿根部，也可用凉水毛巾较大面积地敷在额头部降温，但切忌胸腹部冷湿敷；对已经出牙的宝宝应在上下牙齿间放入牙垫，也可用压舌板、匙柄、筷子等外缠绷带或干净的布条代替，以防抽搐时将舌咬破；尽量少搬动患儿，减少不必要的刺激。等宝宝停止抽搐、呼吸通畅后立即送往医院。如果宝宝抽搐5分钟以上不能缓解，或短时间内反复发作，就预示病情较为严重，必须急送医院。

腹泻

7个月以后的宝宝随着添加辅食的种类的渐渐增多，胃肠功能也得到了有效的锻炼，因此这个时候很少会因为辅食喂养不当引起腹泻。如果是因为吃得太多引起腹泻的话，宝宝既不发热，也很精神，能在排除的大便中看到没能消化的食物残渣，这时只要适当减少喂食量，就能解决这个问题。

婴儿哮喘

　　婴儿时期的哮喘多数是由于呼吸道病毒感染所造成的，极少见由过敏引起的。随着宝宝慢慢长大，抵抗力增加，病毒感染减少，哮喘发作就能逐渐停止；但也有一些患儿，特别是有哮喘家族史及湿疹的患儿，就有可能会逐渐出现过敏性哮喘，最后发展为儿童哮喘。

　　如果属于有哮喘家族史及湿疹等的哮喘，就应及早到医院根据建议治疗护理。但这时候大多数的"哮喘"都并不是真正意义上的哮喘，而是积痰引起的痰鸣和胸部、喉咙里呼噜呼噜的声音。有这些现象的宝宝大多较胖，是属于体质问题，不需要打针注射治疗，只要平时注意护理、加强锻炼就可以了。

　　有的宝宝在气温急剧下降的时候特别容易积痰，所以这个时候尽量不要给宝宝洗澡，以免加重喘鸣。积痰严重的宝宝平时应注意饮食，要多喂些白开水，只要室外的空气质量条件较好的话，就带宝宝多到户外进行活动，特别是秋冬季节的耐寒训练，对提高宝宝呼吸道的抵抗力特别有效。

腮腺炎

　　腮腺炎是一种急性全身性病毒传染病，通常引起唾液腺，以发热、耳下腮部的肿胀和酸痛为主要特征。小儿腮腺炎一年四季均可发生，但以冬春季节最为多见。因此，在每年的冬春季节，一些托幼机构及学校应采取一些预防措施。如室内定时通风，让孩子们饮用菊花水，或板蓝根冲剂等。一旦发现病人应及时隔离，可让孩子口服预防性板蓝根冲剂，连续服用3至5天，同时避免让孩子跟患儿接触和相互使用同一物品。

9个月宝宝的生理特征

9个月宝宝的生长规律和上个月差不多。宝宝头部的生长速度减慢，腿部和躯干生长速度开始加快。满9个月时，男婴体重平均9.2千克，身高平均72.3厘米，头围平均45.4厘米；女婴体重平均8.6千克，身高平均70.4厘米，头围平均44.5厘米。

🍄9个月宝宝的几项能力

视觉能力

9个月宝宝学会了有选择地看他/她喜欢看的东西，如在路上奔跑的汽车，玩耍中的儿童、小动物，也能看到比较小的物体了。宝宝会非常喜欢看会动的物体或运动着的物体，比如时钟的秒针、钟摆，滚动的扶梯，旋转的小摆设，飞翔的蝴蝶，移动的昆虫等，也喜欢看迅速变换的电视广告画面。

随着视觉的发展，宝宝还学会了记忆，并能充分反映出来。宝宝不但能认识爸爸妈妈的长相，还能认识爸爸妈妈的身体和穿的衣服。如果家长拿着不同颜色的玩具多告诉宝宝几次每件玩具的颜色，然后将不同颜色的玩具分别放在不同的地方，问宝宝其中一个颜色，那么宝宝就能把头转向那个颜色的玩具。

听觉能力

听觉方面，宝宝在这时懂得区分音的高低，对音乐的韵律也有了进一步的了解，通过爸爸妈妈的引导，宝宝可以根据音乐的开始和终止挥动双手"指挥"。如果播放节奏鲜明的音乐，让宝宝坐大人腿上，大人从身后握住宝宝前臂，带领宝宝跟着音乐的强弱变化手臂幅度大小进行"指挥"的话，经过多次训练后，宝宝就能不在大人带领下，跟着音乐有节奏地"打拍子"。

运动能力

9个月宝宝已经能扶着周围的物体站立。扶立时背、髋、腿能伸直，挽扶着能站立片刻，能抓住栏杆从坐位站起，能够扶物站立，双脚横向跨步。也能从坐位主

动地躺下变为卧位，而不再被
动地倒下。由原来的手膝爬行
过渡到熟练地手足爬行，由不
协调到协调，可以随意改变方
向，甚至爬高。

　　此时宝宝头部的生长速度
减慢，腿部和躯干生长速度加
快，因此行动姿势才会有如此
大的变化。随着肌肉张力的改
善，将形成更高、更瘦、更强
壮的外表。

语言发展能力

　　现在宝宝能够理解更多的语言，与你的交流具有了新的意义。在他/她不能说
出很多词汇或者任何单词以前，他/她可以理解的单词可能比你想象的多。此时尽
可能与孩子说话，告诉他/她周围发生的事情，要让你的语言简单而特别，这样可
增加孩子的理解能力。

　　无论你给他/她翻阅图书还是与他/她交谈，都要给孩子充足的参与时间。比如
向孩子提问并等待孩子的反应，或者让孩子自己引导。此时他/她也许已经能用简
单的语言回答问题；会做3~4种表示语言的动作；对不同的声音有不同的反应，
当听到"不"或"不动"的声音时能暂时停止手中的活动；知道自己的名字，听到
妈妈说自己名字时就停止活动，并能连续模仿发声。听到熟悉的声音时，能跟着哼
唱；能说一个字并以动作表示，如说"不"时摆手，"这、那"时用手指着东西。

情绪和社交发展

　　之前一段时期，宝宝是坦率、可爱的，而且和你相处得非常好；到这个时
候，他/她也许会变得紧张执着，而且在不熟悉的环境和人面前容易害怕。宝宝行
为模式之所以发生巨大变化，是因为他/她有生以来第一次学会了区分陌生与熟悉
的环境和人。

　　宝宝对妈妈更加依恋，这是分离焦虑的表现。当妈妈走出宝宝的视野时，他/她知道妈妈就在某个地方，但没有与他/她在一起，这样会导致他/她更加紧张。情感分离焦虑通常在10～18个月期间达到高峰，在1岁半以后慢慢消失。妈妈不要抱怨宝宝具有占有欲，应努力予予宝宝更多的关心和好心情。因为妈妈的行动可以教会宝宝如何表达爱并得到爱，这是宝宝在未来赖以生存的感情基础。

认知能力

　　这个月宝宝的认知和数理逻辑能力迅速提高。这个月里，宝宝特别需要新的刺激，总是表现出一副"喜新厌旧"的样子，当遇到感兴趣的玩具，宝宝总是试图拆开，还会将玩具扔到地板上；而对于那些体积比较大的物品，宝宝知道单凭一只手是拿不动的，需要用两只手去拿，并能准确地找到存放喜欢的食物或玩具的地方。

　　认知方面，9个月龄的宝宝学会了认识自己的五官，能够认识图片上的物体，并能有意识地模仿一些动作，如：喝水、拿勺子在水中搅等。此外，宝宝还知道了害羞，能懂得大人在谈论自己，对自我的认知进一步加强。

　　这时的宝宝对妈妈仍然很依恋，但对穿衣服的兴趣在增强，喜欢自己脱袜子和帽子；与大人的交流会变得容易、主动、融洽一些，懂得通过动作和语言相配合的方式与人交往，如给宝宝穿裤子时，他/她会主动把腿伸直，也会与大人一起做游戏，如大人将自己的脸藏在纸后面，然后露出来让孩子看见，孩子会高兴，而且主动参与游戏，在大人上次露面的地方等待着大人再次露面；听到他人的表扬和赞美会重复自己的动作；如果别的宝宝哭了，那么他/她也会跟着哭。

🍄9个月宝宝常见问题及处理

顽固便秘

　　如果宝宝便秘比较顽固、甚至导致肛裂出血的话，可以为宝宝进行1～2次的开塞露注入或灌肠。使用时要注意，将开塞露注入肛门内以后，爸爸妈妈应用手将宝宝两侧的臀部夹紧，让开塞露液体在肠子里保留一会儿，再让宝宝排便这样效果会比较好。

但是，事实上，宝宝便秘需要长时间慢慢治疗，千万不能急着用塞剂、灌肠快速处理，更不能经常使用，否则会造成严重的后果。由于宝宝能吃的东西越来越多了，所以最安全的办法是通过饮食来解决便秘的症状。可以给宝宝多吃些胡萝卜、白萝卜、红薯、花生酱、香油、芹菜、菠菜、小米面、玉米面等利于通便的食物，当然有的时候一种食物对宝宝无效，但只要爸爸妈妈有耐心多试几种的话，都能找到能治疗自己宝宝便秘的食物。

婴儿肺炎

大部分婴儿肺炎都是由病毒和支原体所引起的，患有感冒、发热、咳嗽的宝宝，爸爸妈妈一般很难判断到底是单纯的感冒发热还是已经引起了婴儿肺炎。如果宝宝平时身体较差并有气喘痰鸣的话，当患感冒时，用听诊器能听到"啰音"，并且有高热，就基本可以诊断为肺炎，但也要根据X线照射检查来判定病症。

由病毒引起的肺炎目前还没有特效药，但多数能够自愈。由支原体引起的肺炎可以用抗生素予以治疗，但要严格掌握用法和用量。

如果宝宝经诊断患上了肺炎，应特别注意室内的环境，要保持安静、整洁和舒适。室内要经常通风换气，并保证必要的空气湿度，一般相对湿度以55%左右为宜，必要时可以用加湿器进行调节。或是对宝宝进行冷空气疗法，将宝宝用棉被包严，戴好帽子只露出脸，打开冷气或窗户，或抱到冷室，一般温度最好在5~10℃，最低不低于5℃。宝宝咳嗽严重的时候，可以抱着宝宝，这样比让宝宝躺着更容易咳痰。

7～9个月的宝宝如何护理

7～9个月的婴儿，已经开始长出牙齿，能独立坐稳，并开始能扶着东西站立，同时味觉也越来越发达，婴儿对周围事物的关系和好奇心也进一步加强。

🍄 宝宝常见问题护理

宝宝在家发生抽风

小儿抽风是婴幼儿的一种常见病，据有关专家统计，发病率是成人的10～15倍。这是因为婴幼儿的大脑发育不完善，即使较弱的刺激也能引起大脑运动神经元异常放电，从而导致抽风。小儿抽风的原因很多，常见于高热时，称高热惊厥。

当婴儿发生抽风时，家长首先应立即将婴儿放在床上或木板上，把头偏向一侧，以免痰液或呕吐物吸入呼吸道而窒息。然后，解开婴儿衣领，保持其呼吸道通畅，用手帕缠住竹筷或匙柄后置于上下门齿之间，以免其咬伤舌头，用手指甲重按婴儿人中穴，以达到止抽的目的，如有条件还可针刺合谷、涌泉等穴位。如婴儿抽风时还伴有高热，应积极采取降温措施，可根据客观条件选用不同的方法。如家中有冰箱的，可将冰块装入塑料袋内放置在小儿额部、枕部、腋下、腹股沟等大血管经过处；家中备有酒精的，可加等量温水稀释酒精，轻擦皮肤、四肢及腋下、腹股沟处以助散热。

宝宝夏季患外耳道疖肿

外耳道疖肿是外耳道皮肤急性局限性化脓性病变。外耳道疖肿，又称局限性外耳道炎，发生于外耳道软骨部，是耳科常见病之一。在炎热的夏天因出汗较多、洗澡不当或因泪水进入外耳道等原因可致婴儿外耳道疖肿。

一旦外耳道皮肤发炎，化脓形成疖肿，随疖肿的加重，外耳道皮下的脓液会逐渐增多，其产生的压力会直接压迫在耳道骨壁上，由于此处神经对痛觉尤为敏感，所以婴儿感到特别疼痛，且在张口、咀嚼时疼痛加重。

发生疖肿时应用抗生素控制感染，用氯霉素、甘油滴耳液或1%～3%酚甘油滴耳，每日3次。若外耳道有分泌物，必须用3%双氧水洗净后再用氯霉素或酚甘油滴入。若疖肿有波动，应到医院进行手术，切开排脓。

宝宝爬行阶段的注意事项

爬行可以促进宝宝身体的生长发育，训练宝宝身体的协调能力，对学习走路有很大帮助。看到孩子会爬了，又学会了新的本领，父母的喜悦心情无法比拟，但此时更应提醒父母要注意婴儿爬行时的安全和卫生。

爬行的地方必须软硬适中，摩擦力不可过大或过小，避免使用有很多小拼块的软垫，以防宝宝误食。可以把被褥拿掉，让宝宝直接在床垫上爬。

不要让宝宝离开自己的视线，更不要让宝宝独自爬行；要特别注意宝宝周围的环境应当没有坚硬、锐利的物品，不要让他/她嘴里含着东西爬行；家具的尖角要用海绵包起来或套上护垫；药品不要放在宝宝能抓到的地方；不要让宝宝靠近电源和插座；如果让宝宝在床上爬行，一定要做好防御措施，以免掉下床。

为了增加宝宝爬行的乐趣，可以拿一些宝宝喜欢的玩具放在前面吸引宝宝来拿。会动的玩具，如汽车、球类等对已经能熟练爬行的宝宝更具吸引力，宝宝喜欢追逐这些玩具，这样可以让宝宝更多地练习爬行。

如何给宝宝擦浴

擦浴是帮助宝宝锻炼的一种形式，适合于6个月以上的宝宝及体弱儿。擦浴的室温应保持在18～20℃，水温在34～35℃，以后逐渐调为26℃左右。最好选择中午或下午，在婴儿情绪较好和无疾病的情况下进行。在

擦浴时，婴儿不可空腹或过饱，空腹不耐寒冷，过饱可因擦浴的按压而引起呕吐。

擦浴须采取循序渐进的方法，即擦拭面积的大小应逐日递增，先局部后全身，以免婴儿不适；未擦拭的部位要用浴巾包裹，擦拭过的部位可暴露在空气中。

擦浴是帮助宝宝锻炼的一种形式，还可以帮助宝宝增强抵抗力。擦浴时力度不能过大，以皮肤微微发红为宜；应快速来回反复擦拭，以便产生热量，特别是在心前区、腹部、足底部；脐带未脱落前禁止擦拭脐部。

擦浴的时间以10～20分钟为宜，时间不能太长，若婴儿哭闹严重，应停止擦浴，寻找原因。家长可以在擦浴时在孩子周围挂一些游动彩球或彩纸条束，锻炼孩子的颈部和眼睛。同时，可用玩具的响声训练孩子的反应能力。

如何帮宝宝准备衣物被褥

7～9个月的宝宝正是学走练爬的时期，由于好动的宝宝经常出汗，再加上生活不能自理，衣服就很容易弄脏。所以，这个月宝宝的服装就要有一定的要求，而且四季也有所不同。

春秋季节的衣服要求外衣衣料要选择结实耐磨、吸湿性强、透气性好，而且容易洗涤的织物，如棉、涤棉混纺等。纯涤纶、腈纶等布料虽然颜色鲜艳、结实、易洗、快干，但吸湿性差，容易沾土而脏污，最好不要给宝宝穿。

夏季的服装要求以遮阳透气、穿着舒适，不影响宝宝的生理功能为原则。最好选择浅色调的纯棉制品，这种面料不仅吸湿性好，而且对阳光还有反射作用。

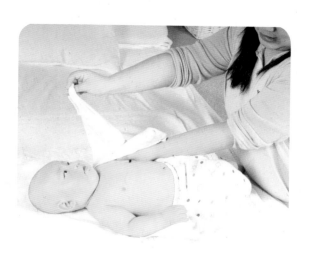

冬季的服装应以保暖、轻快为主。外衣布料以棉、涤棉混纺等为好，纯涤纶、腈纶等布料也可使用。服装的款式要松紧有度，太紧或过于臃肿都会影响宝宝活动。

给宝宝选择裤子时，尽量选择宽松的背带裤或连衣裤，那种束胸的松紧带裤最好不要给宝宝穿。背带裤的款式应简单、活泼，臀部裤片裁剪要简单、宽松，背带不可太细，以3~4厘米为宜。裤腰不宜过长，而且裤腰上的松紧带要与腰围适合，不能过紧。如果出现束胸、束腹现象时，将会影响宝宝的肺活量及胸廓，并影响肺脏的生长发育。

宝宝摔倒问题

生活中不管你有多细心，宝宝都可能会在不经意间摔倒。防止宝宝摔倒的最好办法就是给他/她一个开放的空间。把房间收拾干净，将所有危险物品拿开，把宝宝能搬动、爬得上的桌椅藏起来，最好不要靠窗摆放。带宝宝出去玩时，一定要避开人多、车多的地方，以免被突如其来的行人和车辆撞倒。婴儿行走的路面要平坦，最好是草地或土地。宝宝玩耍时应避开剧烈运动和超前运动。另外，父母需为宝宝选择舒适合脚的鞋子。

宝宝摔伤了，首先要检查皮肤有无裂口出血，有无骨折的征象。如果宝宝轻度摔伤，比如擦破点皮或流一点点血，妈妈不要惊慌。这时你需要用清水清洗伤口，直至洗干净为止，然后可以涂上一点儿碘酒或碘氟消毒。一旦宝宝磕掉了牙或摔得鲜血直流，最好不要耽误时间，应赶紧把孩子送往医院，给予及时的治疗。

宝宝健康体检问题

孩子的身体发育是不是正常，是否存在不健康的因素，应该怎样做才能提高健康水平，这些都是父母十分关注的问题。因此，带宝宝去做定期健康体检是非常必要的。除了对宝宝大动作发育、乳牙、视力、听力等测试外，还要进行血液检查，这是因为宝宝6个月之后，由母体储备的铁质已基本消耗殆尽。平时父母要注意观察宝宝的面色、口唇、皮肤黏膜是否红润或苍白。在及时添加营养辅食时，可选购一些营养米粉，同时还需在医生的指导下补充铁剂，以免发生缺铁性贫血。

在健康体检中还需要检测宝宝的动作发育情况，其中包括观察宝宝是否会翻身，是否会坐稳；检测视力看其双眼是否对红、黄颜色的物品和玩具能注视和追随。检测听力时，观察宝宝的头部和眼睛是否能转向并环视和寻找发声声源。

培养宝宝的良好习惯

良好的行为习惯是要慢慢培养的。7~9个月的宝宝身体和智力都得到了发展，父母应留心日常生活的各个环节，常抓不懈，让孩子真正养成良好的行为习惯。

培养良好的饮食习惯

从婴儿时期，就应该让宝宝养成良好的进餐习惯，只有好的进餐习惯，才能保证宝宝的进食营养，身体才会健康。

宝宝一天的进餐次数、进餐时间要有规律，到该吃饭的时间就应喂他/她吃饭，吃得好时就应表扬他/她，如果不想吃也不要强迫他/她吃。长时间坚持下去，就能养成定时进餐的习惯。

培养饮食卫生习惯。每天在餐前都要引导宝宝洗手、洗脸等，培养宝宝养成清洁卫生的习惯。另外，吃饭时不要让孩子玩，大人不要和宝宝逗笑，不要让他/她哭闹，不要分散他/她的注意力，更不能让他/她边吃边玩。

训练宝宝咀嚼的习惯

宝宝一出生，就有寻觅乳头及吸吮的本能，一旦吸入母乳之后，宝宝就会进行吞咽奶水的反射动作。但是咀嚼能力的完成，是需要舌头、口腔、牙齿、脸部肌肉、嘴唇等配合，才能顺利将口腔里的食物磨碎或咬碎，进而吃到肚子里。练习咀嚼有利于肠胃功能发育，有利于唾液腺分泌，从而提高消化酶活性，促进消化吸收。

大约到了7个月龄，宝宝也开始长牙了，此时期宝宝咀嚼及吞咽的能力会较前一个阶段更有进步。宝宝会尝试以牙床进行上下咀嚼食物的动作，而且，宝宝主动进食的欲望也会增强，有时看到别人在吃东西，他/她也会做出想要尝一尝的表情。妈妈可以提供给宝宝一些需要咀嚼的食物，以培养宝宝的咀嚼能力，并能促进牙齿的萌发。如果宝宝已长牙，也要提供给宝宝一些自己手拿的食物，例如水果条或小吐司。

宝宝卫生习惯的培养

应该从小就养成孩子自己动手的良好习惯，尤其是良好的卫生习惯，这样做有利于孩子身心的健康成长，也可减少孩子疾病的发生。要让孩子养成早晚洗手洗脸的习惯，还要教育孩子饭前、便后主动洗手，弄脏手、脸后要随时洗净。要经常洗澡，勤换衣服，保持头发整洁，定期剪指甲。应勤督促、多指导，多用语言鼓励孩子，使孩子逐渐养成良好的卫生习惯。

培养婴儿良好的排便习惯

进入8个月的宝宝已经能单独稳坐，因此从8个月开始，在前几个月训练的基础上，可根据宝宝大便习惯，训练他/她定时坐盆大便。坐盆的时间不能太长。开始只是培养习惯，一般孩子不习惯，一坐盆就打挺，这时不要太勉强，但每天都要坚持让孩子坐坐。在发现宝宝出现停止游戏、扭动两腿、神态不安的便意时，应及时让他/她坐盆，爸爸妈妈可在旁边扶持。开始坐盆时，可每次2~3分钟，以后逐步延长到5~10分钟。若宝宝不解便，可过一会儿再坐，不要将宝宝长时间放在便盆上。

另外，坐便器最好放在一个固定的地方，掌握婴儿排便规律后，令其坐盆的时间也宜相对固定，这样多次训练，便可成功。给宝宝的便盆要注意清洁，宝宝每次排便后应马上把粪便倒掉，并彻底清洗便盆，定时消毒，便盆周围的环境也要清洁卫生。不要把便盆放在黑暗的偏僻处，以免宝宝害怕而拒绝坐盆。此外，切忌养成在便盆上喂食婴儿和让其玩耍的不良习惯。

培养宝宝与陌生人相处的习惯

宝宝认生是他/她情感发展的第一个重要里程碑。宝宝可能会变得很黏人，只要碰到新面孔，他/她就会感到焦虑不安，如果有陌生人突然接近他/她，宝宝可能还会哭起来。所以，妈妈如果碰到这样的情况，不用感到奇怪，这是宝

宝正常的表现。

在宝宝3~4个月以前还不懂得认生的时候，妈妈可以有意识地带宝宝走出家门，以帮助宝宝尽早适应他/她可能接触到的各种社会环境。另外，妈妈可以尝试着让其他家庭成员多抱抱宝宝，在他们抱的时候妈妈可以暂时离开一会儿，让宝宝慢慢熟悉除爸爸妈妈之外的陌生人。注意千万不要强迫宝宝，违背他/她的意愿让他/她与陌生人接触，应让宝宝先和其他人熟悉起来，再安排他们单独相处。

培养宝宝独立入睡

有的爸爸妈妈为了使宝宝能尽快入睡，就总是抱着宝宝连拍带摇，甚至抱着又是哼唱催眠曲，又是满地转悠地哄宝宝入睡。虽然这样可以令宝宝尽快入睡，但会让宝宝对此形成依赖，一旦把宝宝放到床上，宝宝即使不马上醒来也往往睡不踏实，常常因一点儿响动或其他干扰就会醒来，如果要想让宝宝重新入睡，必然还要重复以上做法，长此以往势必会影响宝宝的睡眠质量。

这几个月要开始尽量让宝宝独立入睡，不要让宝宝含着妈妈的乳头入睡。如果宝宝已经养成必须含着妈妈的乳头才能入睡的习惯，妈妈一旦将乳头从宝宝嘴里拽出来，宝宝就有可能被惊醒。即使当时没醒，如果因为夜里排尿或因其他原因醒来后，要想让宝宝重新入睡，宝宝必然要求同样的条件，不然就会哭闹不止。这样除了会令宝宝的睡眠大打折扣，也会使宝宝形成依赖，再想戒掉就很难了。

🍄 宝宝的能力训练

7~9个月的宝宝本领越来越多，对任何事物都充满好奇，不管是身体发育还是能力发展，都大大得到强化，理解力明显增强，并开始用手势、表情和声音来表达意愿。此时期需重视对宝宝的能力训练，注意早期教育。

宝宝迈步训练

　　学走路是每个宝宝的必经阶段，7～9个月的宝宝能在大人的扶持下站立，并能迈步向前走几步。大人可以站在宝宝的后方扶其腋下，或在前面挽着他/她的双手向前迈步，练习走。宝宝拉着大人的手走，同自己独立走完全不同，即使拉着他/她走得很好，可是让其自己走就不行了，拉手走只能用于练习迈步。待时机成熟时，设法创造一个引导孩子独立迈步的环境，如让孩子靠墙站好，大人退后两步，伸开双手鼓励孩子，叫他/她"走过来找妈妈"。当孩子第一次迈步时，大人需要向前迎一下，避免他/她第一次尝试时摔倒。

　　婴儿开始学迈步时，不要给宝宝穿袜子，因为他/她可能会因此滑倒，身体很难保持平衡；每次训练前要让他/她排尿，撤掉尿布，以减轻下半身的负担；选择一个孩子摔倒了也不会受伤的地方，特别要将四周的环境布置一下，要把有棱角的东西都拿开。父母还应注意每天练习的时间不宜过长。

婴儿语言训练

　　宝宝开始咿呀学语标志着宝宝的发音进入了新的阶段，意味着宝宝开始学习说话了。这时爸爸妈妈应该着手对宝宝进行发音训练。

　　孩子在这一阶段里发出的语音比前一阶段更加复杂多样化。他/她学会了发更多的声母，如 w、n、t、d 等。这个

时期，父母平时在对孩子说话时，一定要配合一定的动作，并且同样的话一定要配合同样的动作。如果能这样坚持下来的话，那么孩子将会很快学会说话。比如，你可以指着墙上的灯对孩子说："看灯，这是灯。"或者伸出你的双臂说："要起来吗？"孩子正是通过反复地听你说话和看你的手势来学习语言的。

父母应该多和喃喃发音的婴儿说话、交谈、训练他/她知道自己的名字、身体的部位及"欢迎""再见"等简单词汇的含义，让婴儿观察说话时的不同口形，为说话打下基础。

手的精细动作练习

七八个月的宝宝已经能很熟练地做一些精细的小动作了，为了培养这方面的能力，父母可以和宝宝玩一些小游戏。如扔球游戏，可以锻炼宝宝扔掷东西的技能。还可以教孩子用拇指和食指相对捏取像玉米花、黄豆等东西，锻炼手指的灵活性。

此外，要多给孩子练习的机会，如拿个小塑料瓶，告诉宝宝把豆豆拣到瓶里，先做示范，再让宝宝学着做。平时，可拿个大盒子，让宝宝自己收拾玩具，将其拿出来和放进去，训练宝宝眼、手、脑的协调性。

宝宝做游戏的能力

玩具是游戏必不可少的东西，玩具可以发展婴儿的动作、语言，并使他们心情愉快，也能培养婴儿对美的感受能力。根据此阶段婴儿智能发展的特点，可给7~9个月的

婴儿提供下列玩具：动物玩具，它是婴儿最喜欢的玩具，是婴儿生活中最贴近的、最熟悉的形象，可以使婴儿认识动物的名称。生活用品，如小碗、小勺、小桌椅等，可以使婴儿认识物品的名称、用途。运动性玩具，可发展婴儿动作及感觉、知觉和运动感，如软球、摇铃、套环等。还可购置一些彩色积木、小汽车等，一次给婴儿的玩具不必太多，两三样即可，但要经常更换，以提高婴儿的兴趣。

经常和婴儿一起玩游戏，可以使婴儿情绪愉快，和大人建立良好的感情，有利于宝宝接受教育。大人与婴儿做游戏的内容多种多样，如运动性游戏：把球扔进盆里，捡回来交给婴儿再扔。此阶段的婴儿自我意识加强，可以有意识地支配手的动作，并对手和手臂的活动感兴趣，他/她要试验自己的力量，喜欢通过扔东西来表现自己。可提供彩球、乒乓球等让婴儿练习。

训练宝宝自己喝水的能力

　　训练宝宝自己用杯子喝水，可以锻炼宝宝的手部肌肉，发展其手眼协调能力。这阶段的宝宝大多不愿意使用杯子，因为以前一直用奶瓶，他/她已经习惯了，所以会抗拒用杯子喝奶、喝水。即使这样，父母仍然要教导宝宝使用杯子。

　　首先要给宝宝准备一个不易摔碎的塑料杯。尤其是带吸嘴且有两个手柄的练习杯，不但易于抓握，还能满足宝宝半吸半喝的饮水方式。其次，应选择吸嘴倾斜的杯子，这样水才能缓缓流出，以免呛着宝宝。

　　另外，要选择颜色鲜艳、形状可爱的杯子。这样宝宝可以拿着杯子玩一会儿，待宝宝对杯子熟悉后，再放入水。接着将杯子放到宝宝的嘴唇边，然后倾斜杯子，将杯口轻轻放在宝宝的下嘴唇上，让杯里的水刚好能触到宝宝的嘴唇。如果宝宝愿意自己拿着杯子喝，就让宝宝两手抓握杯子的两个手柄，成人帮助他/她往嘴里送。要注意的是，让宝宝一口一口慢慢地喝，千万不能一次给宝宝杯里放过多的水，以免呛着宝宝。如果宝宝对使用杯子显示出强烈的抗拒性，爸爸妈妈就不要继续训练宝宝使用杯子了。如果宝宝顺利喝下了杯子里的水，爸爸妈妈要表示鼓励、赞许。

🍄 宝宝出牙期注意事项

　　7~9个月的婴儿，已经开始长出牙齿，能独立坐稳，并开始能扶着东西站立，同时味觉也越来越发达。

婴儿出牙期的保健

　　婴儿在6个月以前没有牙齿，吃奶时靠牙床含住母亲乳头。到6个月左右，婴儿开始出牙，出牙是牙齿发育和婴儿生长发育过程中的一个重要阶段。

最早开始长的是下牙床的2颗小门牙，再来是上牙床的4颗牙齿，接着是下牙床的2 颗侧门牙。到了2岁左右，乳牙便会全部长满，上下各10颗，总共20颗牙齿，就此结束乳牙的生长期。

婴儿出牙时一般无特别不适，但个别婴儿可出现突然哭闹不安，咬母亲乳头，咬手指或用手在将要出牙的部位乱抓乱划、口水增多等症状，这可能与牙龈轻度发炎有关。此时，母亲要耐心护理，分散婴儿的注意力，不要让他/她抓划牙龈。若孩子自己咬破或抓破牙龈，可在牙龈上涂少量甲紫药水，一般不需服药。

婴儿出牙与给婴儿添加辅食的时间几乎一致，婴儿易出现腹泻等消化道症状，这可能是出牙的反应，也可能是抗拒某种辅食的表现，这时可以先暂停添加这种辅食，观察一段时间就可知道原因了。

家长应给婴儿多吃些蔬菜、果条，这样不但有利于改掉其吮手指或吮奶瓶嘴的不良习惯，而且还使牙龈和牙齿得到良好的刺激，减少出牙带来的痛痒，对牙齿的萌出和牙齿功能的发挥都有好处。另外，进食一些点心或饼干可以锻炼婴儿的咀嚼能力，促进牙齿的萌出和坚固，但同时也容易在口腔中残留渣滓，成为龋齿的诱因，因此在食后最好给婴儿饮服些凉开水或淡盐水来代替漱口。

帮助宝宝进行牙齿护理

由于第一颗乳牙是又尖又薄的门牙，所以很容易从牙床中长出来。但如果是几颗牙齿一起生长，或者是几颗大的白齿从牙床里长出来，这时就会带来疼痛。

当宝宝长出第一颗牙齿时，你就要开始给宝宝清洁牙齿了。清洁时，可以把宝宝放在你的大腿上，这样你低头就可以看到宝宝的嘴。如果你的宝宝不喜欢用

婴儿牙刷，则可以将一块湿的纱布包到手指上，在纱布上涂一点儿牙膏，之后便可以开始给宝宝清洁牙齿了。每天清洁两次，不过应当注意，清洁时不能用力过猛。

即便宝宝不愿意让大人帮他/她刷牙，也无须担心，你可以直接把牙刷递过去让宝宝咬。此外，应该尽早给宝宝使用含氟牙膏。这种牙膏能够强化牙齿，保护它们免遭虫蛀。不要让清洁牙齿成为一种负担，在这个阶段，清洁牙齿应该是件很有意思的事情。切记，一旦宝宝长出牙齿，就该经常帮他/她清洁。

纠正宝宝牙齿发育期的不良习惯

在婴儿生长发育期间，许多不良的口腔习惯能直接影响到牙齿的正常排列和上下颌骨的正常发育，从而严重影响孩子面部的美观。因此，为了让宝宝有一口整齐漂亮的乳牙，应多纠正宝宝爱叼奶嘴、吃手等不良习惯。

7~9个月宝宝护理知识问答

宝宝7~9个月，该怎么做才正确？让我们一一为爸爸妈妈解答。

如何给宝宝选杯子？

首先，杯子的选择要跟上宝宝成长的步伐。原则上，宝宝应该从鸭嘴式过渡到吸管式再到饮水训练式，从软口转换到硬口。可以循序渐进，也可以跳跃式进级，要根据宝宝的喜好和习惯及时更换杯子的款式。其次，有些杯子是有手柄的，也有一些杯子，做成了方便宝宝拿着的造型就不再配备手柄，爸爸妈妈可以根据需要自行选择。另外还要注意看杯子是否具有不漏水的功能，即把整个杯子倒转都不会漏水。

为何不能用嚼过的食物喂宝宝?

成人的口腔内很可能会含有一些致病菌,这些致病菌对抵抗力较强的大人来说没有什么危害性,但一旦传给免疫系统尚不十分健全、脏腑娇嫩、肠胃功能弱、抵抗力较差的宝宝,就会引发胃肠和消化系统的疾病,因此危害十足。

再有,咀嚼有利于唾液腺分泌,提高消化酶的活性;可促进头面部骨骼、肌肉的发育,利于今后的语言发育;有助于牙齿的萌出。替宝宝咀嚼不利于宝宝自身消化功能的建立,延迟了咀嚼能力的提高,长此以往还会使宝宝营养摄取不足进而造成营养不良,也可能会导致宝宝构音不清甚至语言发育迟缓等。

如何判断宝宝正在长牙?

以下是宝宝长牙的常见现象。

🍄 1.流口水:这一阶段的宝宝会分泌更多的口水,所以流口水的现象会比平时更多。很多宝宝还会经常流鼻涕。

🍄 2.痛苦与易怒:疼痛会使宝宝易怒,可能比平时更任性。

🍄 3.啃东西:在牙龈上施加一定的压力能缓解疼痛,所以宝宝会主动寻找任何东西(包括你身体的各部位)来啃咬。在第一颗牙长出以前,宝宝还会时常咬自己的下嘴唇。

🍄 4.牙龈肿痛:脸颊的一面红肿而且凹凸不平。

🍄 5.发热:长牙时宝宝容易出现低热现象,特别是在晚上。

🍄 6.皮疹:许多宝宝在长牙时会有稀便的现象,并且很容易生皮疹。

🍄 7.失眠:与平时相比,宝宝半夜醒来的次数会更多。

宝宝拒食是生病了吗?

宝宝拒绝喝水、吃饭并不是必须让医生出急诊的状况,但是有一种情况下则需要这么做，即孩子突然完全拒绝喝水，并且伴随着有规律的间歇性啼哭，有时还会呕吐。在这种情况下要去医院，因为宝宝可能是得了绞窄性疝、肠套叠（必须紧急手术）等疾病，如果大便中有血，这种推断就更加得到证实。

如何保护宝宝的牙齿？

请依照以下方法。

- 1.不要给宝宝吃任何含糖分的食物。
- 2.不要经常给宝宝吃干果。
- 3.只允许宝宝饮用水和奶。
- 4.多使用无糖药品。

宝宝拒吃固体食物要紧吗？

有些宝宝要到1岁的后期才开始吃固体食物。但是，只要宝宝身体健康，而且体重也在慢慢增长，那么，迟一点儿开始吃固体食物也不会有任何问题。当然，要是你对此很担心的话，也可以去找医生咨询一下。如果宝宝已经满8个月龄了，却仍旧对吃固体食物没有任何兴趣，你可以试着减少奶的供应量——宝宝每天所需的奶不要超过600毫升。

应该持有这样一种观念：一个容易过重的婴儿在1岁之内完全或基本上只依靠母乳喂养会更好。从营养学角度上说，婴儿从母乳中基本上可以获取所需的各种营养，唯独铁质可能会摄入不足。母乳的铁质含量虽然比较低，但比婴儿奶粉更容易吸收，所以单纯用母乳喂养的宝宝也能获得足够的铁质。

哪种宝宝坐便器比较好？

给宝宝选择坐便器，最重要的就是适合宝宝的身体状况，让宝宝坐得舒适。选择坐骑款式的比较安全，前面有挡板，可以防止宝宝前倾而摔倒，但是要考虑宝宝穿密裆裤时是否还能方便使用；如果要选择座位款式的，就要特别注意前面的保护，这种款式比较适合大一点儿的宝宝；下蹲式的坐便器同样也是适合大一点儿的宝宝，对于还不会站立的宝宝，就不适合用这种坐便器。另外，坐便器最好买那种内胆容器可分离的，这样倒便和清洁都比较容易。

🍄7~9个月的宝宝游戏

宝宝7~9个月，可以玩哪些游戏呢？让我们一起来发现吧！

听觉游戏

🍄 **活动方式:**

1.先为宝宝购置一个旋转音乐铃，并为宝宝示范怎么摆弄能发出好听的声音。

2.将旋转音乐铃交给宝宝，让他/她自己摆弄以发出声音。

3.也可以牵着宝宝的手一起摆弄音乐铃。

肢体游戏

🍄 **活动方式:**

1.将宝宝喜欢的玩具放在他/她的面前，并鼓励他/她爬行，以顺利拿到喜爱的玩具。

2.慢慢地将玩具移至更远处，距离宝宝大约20厘米，然后陪着宝宝一起向前爬，并鼓励他/她伸手拿玩具。

3.之后可慢慢拉开距离。

语言游戏

🎈 活动方式：

1.增加平时与宝宝的生活对话，例如告诉宝宝即将做些什么，或是要玩什么。

2.与宝宝对话时必须注意，说话速度别太快，并且尽量在宝宝的视线范围内对他/她说话。

3.可玩唱名游戏，喊宝宝的名字，引导他/她举手，也可以喊爸爸或妈妈，让宝宝指认。

触觉游戏

🎈 活动方式：

1.先将各种小玩具呈现在宝宝面前。

2.为宝宝示范如何拿取，并用双手捏一捏。

3.引导宝宝一起做动作，可让他/她多拿几样不同种类的物品，增强触觉感官能力。

4.当宝宝玩过玩具以后，可以换成纸类，并引导他/她练习将纸抓在手中，或是捏成各种样子。

找玩具

🍄**活动方式：**

1.先将宝宝喜欢的玩具或奶瓶放在宝宝面前给他/她看，甚至可以引起宝宝的兴趣让他/她伸手拿。

2.慢慢将物品当着宝宝的面移开或藏起来，观察他/她的眼睛是否会追随物品而移动。

3.可以跟宝宝多玩几次，并且在适当的时机给予赞美与鼓励。

敲敲打打乐趣多

🍄**活动方式：**

1.请先示范如何敲打一些乐器，也可以让宝宝自行探索。

2.鼓励宝宝随意敲打出属于自己的节奏。

7~9个月宝宝的饮食与喂养

　　7~9个月的婴儿，生长发育较前半年相对较慢，但对宝宝喂养的要求却要更加细致周到。在此期间，妈妈的奶量及其质量已经下降，因此给宝宝添加的辅食必须要满足宝宝生长发育的需求。

饮食与喂养原则

断奶过渡

　　断奶的具体月龄无硬性规定，通常在1岁左右，但必须要有一个过渡阶段，在此期间应逐渐减少哺乳次数、增加辅食，否则容易引起婴儿不适，并导致摄入量锐减、消化不良，甚至营养不良。7~8个月时母乳明显减少，所以8~9个月后可以考虑断奶。

　　这个时期，可开始培养宝宝独立吃饭的能力。同时，宝宝辅食的添加应该多样化，食物的颜色和形状是刺激婴儿兴趣的重要因素，因此要特别注意。妈妈最好自己在家为宝宝做断奶食物。这个时期，婴儿逐渐喜欢跟家人坐在餐桌前吃饭，但是要避免油炸食物和过于刺激性的食物以及黄豆、洋葱等不容易消化的食物。另外，喂断奶食物时，应该适当给婴儿补充水分。

营养补充

　　6个月以后，母乳中的蛋白质已逐渐满足不了婴儿生长发育的需要，父母就应选择其他优质蛋白质给予及时补充，这对婴儿的良好发育极为重要。婴幼儿补充蛋白质的最佳途径是食补。要根据婴儿的生长发育特点，选择富含蛋白质的各种食物进行合理搭配，合理烹调，以满足宝宝对蛋白质的需要。在安排饮食时，可以牛奶和豆浆交替喂给婴儿喝。此外，黄豆制品如豆腐、豆腐干等也是较好的蛋白质食物。另外，饮食要多样化，不但要注意主副食物搭配，而且要防止主食过于单调。

　　婴儿缺锌就会使含锌酶活力下降，造成生长发育迟缓、食欲不振，甚至拒食。当孩子出现上述症状而怀疑其缺锌时，应请医生检查，确诊缺锌后，在医生指导下服用补锌制品。日常生活中最好的补锌办法是通过食物补锌。首先，提倡母乳喂养。其次，多食含锌食物，如贝类海鲜、肉类、豆类、干果、牛奶、鸡蛋等。锌属于微量元素，因此补充应适量。

婴儿期正是身体长得最快的时期，骨骼和肌肉发育需要大量的钙，因而对钙的需求量非常大。如未及时补充，2岁以下尤其是1岁以内的婴儿，身体很容易缺钙。此外，早产儿、双胞胎及经常腹泻或易患呼吸道感染的婴儿，身体更容易缺钙。补钙的原则仍然是从食物中摄取，这样既经济又安全。

婴儿挑食

宝宝在七八个月时，对食物会表现出暂时的喜好或厌恶情绪。妈妈不必对这一现象过于紧张，以致采取强制态度，造成宝宝的抵触情绪。宝宝对于新的食物，一般要经过舔、勉强接受、吐出、再喂、吞等过程，反复多次才能接受。父母应耐心、少量、多次地喂食，并给予宝宝更多的鼓励和赞扬。

作为父母，更应以身作则，不挑食，不暴饮暴食，不过分吃零食。同时，要给宝宝营造一个开心宽松的进食气氛，进食期间避免玩耍、看电视等不良习惯。另外，父母应该不断地调整食物的色、香、味、形，以诱发宝宝的食欲，对食物保持良好的兴奋性，使宝宝乐于接受新的食物。

婴儿食欲不振

一般情况下，婴儿每日每餐的进食量都是比较均匀的，但也可能出现某日或某餐进食量减少的现象。不可强迫孩子进食，只要给予充足的水分，孩子的健康就不会受损。

婴儿的食欲可受多种因素（如温度变化、接触不熟悉的人及体内消化和排泄状况的改变等）的影响。短暂的食欲不振不是病兆，如连续2～3天食量减少或拒食，并出现便秘、口唇发干、呼吸变粗、精神不振、哭闹等现象，则应注意。不发热者，可给孩子助消化的中药和双歧杆菌等菌群调节剂，也可多喂开水（可加果汁、菜汁）。待婴儿积食消除，消化通畅，便会很快恢复正常的食欲。如无好转，应去医院做进一步的检查治疗。

培养宝宝良好的饮食习惯

从婴儿时期就应让宝宝养成良好的饮食习惯，定点、定时、定量。只有具备良好的饮食习惯，才能保证宝宝的营养供给，满足宝宝生长发育的需要，对宝宝的成长也有着重要的影响。

提供良好的进餐环境

进餐前不宜和宝宝做太激烈的活动或游戏，避免宝宝过于兴奋而无法安定进餐；吃饭时不要逗宝宝玩或同宝宝讨论与吃饭无关的话题，切忌一边开着电视或让宝宝看着视频、玩手机，一边吃饭，这样会阻碍良好饮食习惯的形成，吃饭

时应该让宝宝保持心情愉快轻松，环境安静和谐。

定点进餐

胃排空的时间有一定的规律性，随着辅食的添加，宝宝的食物从流质过渡到半流质、固体食物，胃排空的时间也逐渐延长，因此，遵循宝宝胃排空的时间，合理安排进餐时间，养成定时、定量的进餐习惯，这样不仅会使宝宝食欲好，妈妈喂饭"不吃力"，宝宝的吸收也更好，长时间坚持，就能养成宝宝定时进餐的习惯。

定位进餐

从5~6个月开始添加辅食时，其实就可以让宝宝每次都坐在固定的场所和座位上，并让宝宝使用属于自己的小碗、小匙、杯子等餐具。长此以往，宝宝每次坐在位置上，看到这些餐具就会形成条件反射，知道自己该吃东西了，也会有相应的口唇吸吮、唾液分泌等生理反射，也有助于帮助宝宝形成安静进餐的习惯。

培养宝宝对食物的兴趣

通过同种食材的不同做法或不同食材的搭配、食材的摆盘造型、餐具的购置

等引起宝宝对食物的兴趣和好感，引起宝宝的食欲，这样也有助于宝宝消化液的分泌，促进食物消化。家长也可以起到带头模范作用，引导宝宝尝试新食物。

锻炼宝宝使用餐具的能力

训练宝宝自己握奶瓶喝水、喝奶，自己用手拿饼干吃，训练宝宝正确的握匙姿势，同时注意对宝宝饮食卫生和就餐礼仪的培养。

喂养饮食卫生习惯

宝宝胃肠抵抗感染的能力极为薄弱，因此更加需要重视宝宝膳食的饮食卫生，食物的新鲜、彻底加热及餐具的清洁卫生、消毒尤为重要。此外，每次餐前，都要引导宝宝洗手、洗脸等，培养宝宝养成清洁卫生的习惯。家长也要注意个人卫生，切忌用口给宝宝喂食食物。

合理安排宝宝零食

正确选择零食的品种，合理安排零食时间，有利于补充能量，但应避免在餐前食用过多的零食。零食也应该选择水果、乳制品等营养丰富的食物，控制糖果、饼干、饮料等含糖量高、添加剂量多的食品，以免影响食欲和导致宝宝肥胖、龋齿。

避免挑食和偏食

宝宝的每餐食谱应该尽量做到营养均衡、品种多样，饭、菜、鱼、肉和水果搭配好，鼓励宝宝多吃不同种类的食物，并且要细嚼慢咽，有助于消化吸收。

7～9个月宝宝营养食谱

芋头芝麻泥

◉ 原料

芋头100克，熟芝麻2克。

◉ 调料

白糖少许。

◉ 做法

① 芋头去皮洗净，切成块，入蒸锅中蒸至熟软，取出捣碎成泥状。

② 加入熟芝麻，加入适量温开水调匀。

③ 最后加少许白糖拌匀，待温度适宜就可喂宝宝了。

油菜米汤糊

◉ 原料

油菜嫩叶30克，米汤适量。

◉ 做法

① 将油菜嫩叶洗净，切成碎末。

② 将油菜碎末入蒸锅蒸熟软。

③ 将米汤和油菜末放入锅中，煮沸2分钟即可。

🍽 烂米粥

◉ 原料

大米30克。

◉ 做法

① 将大米淘干净，用适量清水浸泡1小时，沥去水后磨成细末。

② 将大米末和水放入锅内，旺火烧开后，转微火煮透至熟烂呈糊状时即成，注意要不时搅拌以免粘锅。

🍽 嫩玉米糊

◉ 原料

嫩玉米粒120克。

◉ 调料

水淀粉少许。

◉ 做法

① 将嫩玉米粒洗净。

② 锅中放入适量水烧开，倒入嫩玉米粒，煮至熟软后倒入搅拌机中搅打成蓉，并过滤。

③ 再倒入锅中，煮开后加少许水淀粉，继续搅拌呈糊状即可。

🍽 青菜土豆汤

⊙ 原料

青菜嫩叶（菠菜、油菜、小白菜都可）
20克，土豆50克，婴儿配方奶50毫升。

⊙ 做法

① 取青菜嫩叶洗净，入锅中加水煮软后捞出切成末。
② 将土豆去皮切成块，放入蒸锅中蒸熟后压成泥。
③ 将土豆泥和适量清水一起倒入锅中煮沸，下入青菜末，搅拌使其均匀混合，加入婴儿配方奶再煮片刻即成。

🍽 蛋黄藕粉

⊙ 原料

鸡蛋1个，藕粉适量。

⊙ 调料

白糖少许。

⊙ 做法

① 将鸡蛋入锅中加水煮至熟，捞出去壳，取蛋黄压碎备用。
② 藕粉加水调匀，倒入锅中煮开，盛入碗中，撒入蛋黄碎。
③ 再加入白糖拌匀即可。

萝卜玉米糊

⊙ 原料

白萝卜50克，玉米面20克。

⊙ 做法

① 白萝卜去皮切块，放入锅中煮至熟软，倒入料理机打成碎末糊。

② 玉米面加水调匀，倒入锅中煮至稠糊状，再加入白萝卜碎末，煮沸即可。

番茄面条

⊙ 原料

番茄40克，儿童面条25克，高汤适量。

⊙ 做法

① 将番茄洗净，去皮、去子后切碎末；

② 儿童面条剪短备用；

③ 将高汤放入锅中烧沸，下入面条和番茄碎末，煮至面条熟软即可。

南瓜米糊

⊙ 原料

南瓜80克，大米40克。

⊙ 做法

① 将大米淘净，放入搅拌机中搅打成碎末。

② 南瓜去皮、去子洗净，切成块，入蒸锅蒸至熟软，盛出打成蓉。

③ 大米碎末倒入锅中，加适量水煮成米糊，加入南瓜蓉，再煮2分钟，边煮边搅拌即可。

豌豆粥

⊙ 原料

豌豆100克，大米40克。

⊙ 做法

① 大米淘净，加水浸泡半小时，沥去水分后磨成细末；

② 豌豆洗净，入锅中煮至熟软，捞出去壳，趁热压成泥；

③ 将大米末和适量水倒入锅中，煮沸后改小火慢慢熬煮，至米末煮成糊状后加入豌豆泥，继续煮至熟烂浓稠即可。

🍴 牛奶面包糊

⊙ 原料

配方奶适量，面包20克。

⊙ 做法

① 将面包切去边缘，撕成碎末；
② 将配方奶取宝宝适用量倒入碗中，加水冲调好；
③ 放入面包碎末，并搅拌使之溶成糊状即可喂食。

🍴 土豆香蕉米糊

⊙ 原料

土豆60克，香蕉半根，米粉适量。

⊙ 做法

① 将土豆去皮洗净，切成小块，入锅中蒸至熟软，趁热压成泥；
② 香蕉去皮，切成块后用勺背压成泥；
③ 米粉用适量温水冲调好，熬煮至熟，加入土豆泥、香蕉泥拌匀呈糊状即可。

🍽 双瓜糊

⊙ 原料

冬瓜、南瓜各80克。

⊙ 做法

① 将冬瓜去皮、去子洗净，切成小块；
② 南瓜去皮、去子，也切成小块；
③ 锅中放适量水烧沸，加入冬瓜块、南瓜块，一同煮至熟烂，盛出压成泥并拌匀呈糊状即可。

🍽 苋菜蛋黄粥

⊙ 原料

苋菜30克，鸡蛋1个，大米40克。

⊙ 做法

① 大米淘净，加适量清水浸泡半小时，再沥干磨成细末备用；
② 鸡蛋煮熟后取蛋黄，捣碎备用，苋菜洗净切细末；
③ 大米末和适量水倒入锅中，煮沸后改小火慢熬至熟烂，加入苋菜末和蛋黄末，再煮2分钟即可。

青菜糊

◎ 原料

婴儿米粉100克，青菜30克，高汤适量。

◎ 做法

① 将青菜洗净，放入沸水锅内焯烫熟，捞出沥干，再切成碎末备用；
② 婴儿米粉加水调匀，加高汤，熬煮至熟；
③ 将备好的青菜碎末加入煮好的米粉中，拌匀，呈糊状即可。

紫薯豆沙糊

◎ 原料

紫薯120克，米汤适量，红豆沙15克。

◎ 做法

① 将紫薯洗净，去皮，切成块；
② 将紫薯放入锅中蒸至熟软，压成泥；
③ 将米汤倒入锅中烧开，放入紫薯泥、红豆沙，搅拌均匀即可。

PART 05

10~12个月宝宝的
日常护理

　　10~12个月的宝宝已处于婴儿期的最后阶段，生长速度不如之前的几个月。10~12个月，是宝宝从婴儿开始向幼儿过渡的时期，身体营养需求量明显增加，智力发展明显加快，饮食与护理方面的要求也都发生了一些变化。在宝宝生长到12个月以后，婴儿期即告结束，后期应该将辅食变为主食了。如何更好地照顾好这个阶段的宝宝呢，让我们一起来学习一下吧。

10个月宝宝的生理特征

　　10个月的宝宝，除了会自己回应他人的话语，更会进一步要求对方回应自己，父母可以在此时多与宝宝交流，以提升宝宝的语言能力。

🍄 10个月宝宝的身体特点

体重、身高与头围

　　男宝宝在这个月体重为9.22～9.44千克，身高为72.5～73.8厘米；女宝宝在这个月体重为8.58～8.80千克，身高为71.0～72.3厘米。本月宝宝平均体重将增加0.22～0.37千克，身高仍和上个月一样，增长1.0～1.5厘米。宝宝的头围增长速度依然和上个月一样，平均一个月增长0.67厘米。

🍄 10个月宝宝的几项能力

视觉能力

　　宝宝的眼睛在这个月开始具有了观察物体不同形状和结构的能力，可以通过眼睛认识事物、观察事物、指导运动。从这个月开始，宝宝会通过看来认识物体，并很喜欢看画册上的人物和动物。

语言能力

　　此时的宝宝也许已经会叫妈妈、爸爸。在他/她说话时，你反应越强烈就越能刺激宝宝进行语言交流。婴儿在这个阶段开始模仿别人的声音，并要求成人有应答，这就进入了宝宝说话的萌芽阶段。

运动能力

　　此时的宝宝能够独自站立片刻，能迅速爬行，大人牵着手会走；这个月龄阶段也是向直立行走过渡的时期，一旦孩子会独坐后，他/她就不再老老实实地坐着了，就想站起来了。孩子可以把着栏杆从卧位或者坐位上站起来，双手拉着妈妈或者扶着东西蹒跚挪步。有的孩子在这段时间已经学会一手扶物地蹲下捡东西。

　　随着孩子学会随意打开自己的手指，他/她会开始喜欢扔东西。如果你将小玩具放在他/她椅子的托盘或床上，他/她会将东西扔下，并随后大声喊叫，让别人帮他/她捡回来，以便他/她重新扔掉。如果你向孩子滚去一个大球，起初他/她只是随机乱拍，随后他/她就会拍打，并可以使球朝你的方向滚过去。

情绪和社交能力

　　随着时间的推移，宝宝的自我概念变得更加成熟，如见陌生人和与你分离时几乎没有障碍，他/她自己也将变得更加自信。喜欢被表扬，喜欢主动亲近小朋友。以前你可能在他/她舒服时指望他/她能听话，但是现在通常难以办到，他/她将以自己的方式表达需求。

　　当宝宝变得更加活跃时，你会发现你经常要说"不"，以警告他/她远离不应该接触的东西。但是即使他/她可以理解词汇以后，他/她也可能根据自己的意愿行事，父母必须认识到这仅仅是强力反抗将要来临的前奏。

　　在这个阶段，宝宝可能会表现出害怕他/她以前学步时曾经适应的某些物品或情况的现象。比如在这个时期，宝宝害怕黑暗、打雷和吸尘器的声音。

认知能力

　　此时的宝宝能够认识常见的人和物。他/她开始观察物体的属性，从观察中他/她会得到关于形状、构造和大小的概念，甚至开始理解某些东西可以食用，而其他的东西则不能，尽管这时宝宝仍然将所有的东西放入口中，但只是为了尝试。

　　遇到感兴趣的玩具，宝宝会试图拆开看看里面的结构，体积较大的，知道要用两只手去拿，并能准确找到存放食物或玩具的地方。此时宝宝的生活已经很规律了，每天会定时大便，心里也有一个小算盘，明白早晨吃完早饭后可以去小区的公园里溜达。

10个月宝宝常见问题及处理

高热

当宝宝发热的时候，爸爸妈妈可以将宝宝身上的衣物解开，用湿毛巾蘸温水全身上下搓揉，如此可使宝宝皮肤的血管扩张将体热散出，另外，水汽由体表蒸发时，也会吸收体热，起到降温的作用；如果宝宝四肢及手脚温热且全身出汗，就表示需要散热，可以少穿点儿衣物。保持室内空气的流通，如果家里开冷气的话，要将室内温度维持在25~27℃之间；给宝宝吃的食物要清淡，以流质为宜，并多给宝宝喝白开水，以助发汗，并防脱水。

嘴唇干裂

这个月龄的宝宝嘴唇比较容易出现干燥，特别是赶上秋冬季节就更常见了。除了补水量不够、饮食不均衡等原因之外，这个月的宝宝口水分泌较多，加上总爱啃手指头，口水长时间刺激嘴唇及周围皮肤，就会使嘴唇出现不适。吃饭后没有清洁嘴唇，尤其是吃完偏酸或偏咸的食物后不及时清洁，也同样会刺激嘴唇及周围皮肤而出现炎症。当宝宝嘴唇干燥的时候要注意多给宝宝喝水，以及补充新鲜的水果和蔬菜。如果嘴唇已经干裂起皮的话，可以用干净的纱布或手绢蘸上温水，给宝宝湿敷嘴唇，等脱皮处的皮肤完全软化后再轻轻揭去或小心地用剪刀剪掉，然后涂抹上润唇膏。千万不要随意用手去撕，否则会令皮肤损伤更严重。

贫血

贫血是婴幼儿时期比较常见的一种症状，长期贫血会影响心脏功能及智力发育。婴幼儿贫血多数是因为营养不良造成的。贫血患儿可出现面色苍白或萎黄、容易疲劳、抵抗力低等症状。6个月婴儿至6岁小儿血液中血红蛋白低于110克/升，6~14岁儿童血液中血红蛋白低于120克/升，则判定为贫血。

11个月宝宝的生理特征

　　11个月的宝宝已经可以扶物步行，父母可以适度地让宝宝试着自己扶着家里的沙发走路，有助于宝宝的平衡及运动能力提高。

🌳11个月宝宝的身体特点

体重、身高与头围

　　这个月宝宝身高增长速度与上个月一样，平均增长1.0～1.5厘米，男宝宝的平均身高是73.08～75.2厘米，女宝宝平均身高72.3～74.7厘米；体重的增长速度也与上个月一样，平均增长0.22～0.37千克，男宝宝的平均体重是9.44 ～9.65千克，女宝宝平均体重为8.50～9.02千克。此时头围的增长速度仍然是每月增长0.67厘米。

🌳11个月宝宝的几项能力

语言能力

　　此时的宝宝，能准确理解简单词语的意思。在大人的提醒下会喊爸爸、妈妈，会叫奶奶、姑、姨等；会做一些表示词义的动作，如竖起手指表示自己1岁；能模仿大人的声音说话，说一些简单的词。

运动能力

　　宝宝已经能牵着家长的一只手走路了，并能扶着推车向前或转弯走。还会穿裤子时伸腿，用脚蹬去鞋袜，能毫不费力地坐到矮椅子上，能扶着家具迈步走。

情绪和社交能力

　　此时的宝宝已经能执行大人提出的简单要求。会用面部表情、简单的语言和动作与成人交流。这时期的宝宝能试着给别人玩具，心情也开始受妈妈的情绪影响。喜欢和成人交往，并模仿成人的举动。

　　在不断的实践中，他/她会有成功的愉悦感；当受到限制、遇到"困难"时，仍然以发脾气、哭闹的形式发泄因受挫而产生的不满和痛苦。

认知能力

　　此时的宝宝已经能指出身体的一些部位；不愿意母亲抱别人，有初步的自我意识；喜欢摆弄玩具，对感兴趣的事物能长时间地观察，知道常见物品的名称并会指示。此外，宝宝能仔细观察大人无意间做出的一些动作，头能直接转向声源，也是词语—动作条件反射形成的快速期。

　　这时期的宝宝懂得选择玩具，逐步建立了时间、空间、因果关系的概念，如看见母亲倒水入盆就等待洗澡、喜欢反复扔东西再捡起来等。

🍄11个月宝宝常见问题及处理

过胖

　　7~12个月宝宝的标准体重为（6000+月龄×250）克，如果超过标准体重的10%就为过胖。

　　对于过胖的宝宝，要严格控制日常饮食的热量摄取，在保证生长发育需要的前提下，控制热量过多的饮食。如减少肥肉、油炸食物、巧克力、冰激凌、各种糖类等，改为低热量、低糖、低脂肪的食物，但要注意保证日常蛋白质、维生素和矿物质的摄取，平时多吃绿色蔬菜，吃水果的时候也要注意少吃含糖量高的水果。另外，还要多带宝宝进行户外活动，增加能量消耗并提高身体素质。

鼻子出血

　　发现宝宝鼻子出血以后，应立即根据出血量的多少采取不同的止血措施。当出血量较少的时候，可以运用指压止血法，方法是让宝宝采取坐位，然后用拇指和食指紧紧地压住宝宝的两侧鼻翼，压向鼻中隔部，暂时让宝宝用嘴呼吸，同时在宝宝前额部敷上冷毛巾。在止血的时候，还要安慰宝宝不要哭闹，张大嘴呼吸，头不要过分后仰，以免血液流入喉中。一般来说，按压5~10分钟就可以止住出血。

　　如果出血量较多的话，可以改用压迫填塞法来止血。止血的时候，将脱脂棉卷成像鼻孔粗细的条状，然后堵住出血的鼻腔。填堵的时候要填得紧一些，否则达不到止血的目的。如果上述办法均不能奏效的话，就需要立即送往医院止血，止血之后还需要查明出血原因，并对症做进一步相应的治疗。

便秘

如果以前大便一直正常、规律的宝宝，到了满10个月的时候，大便突然变得困难起来，甚至2~3天才排一次大便的话，首先要考虑是不是吃得少了，或是给的食物太软。

可以通过宝宝体重的增加情况来衡量，如果宝宝每天的体重增加不到5克，就可以让宝宝多吃一些，特别是多给一些鱼类和肉类的辅食。如果宝宝每天的体重增加在7~8克却依然便秘，就要考虑是不是给的食物太软，可以给宝宝一些纤维素丰富的食物，如菠菜、卷心菜等，但吃菠菜的时候注意要将菠菜焯烫过之后再做给宝宝吃，避免影响铁的吸收。也可以将这些蔬菜剁碎，放到鸡蛋里做成软煎蛋卷给宝宝吃，或是给一些稍微硬点儿的食物，如豌豆等，来刺激宝宝胃肠的蠕动。

此外，平时还要多给宝宝吃一些水果，也有助于缓解便秘的症状。

害怕与父母分离

你得设法让宝宝相信：爸爸妈妈不会离开他/她。只有不断给宝宝关爱，才能让宝宝树立这样的信心，从而勇敢地探知周围的世界。

尽可能多地让宝宝与你待在一起。在你去浴室洗澡时，不妨带宝宝一起洗，做到这一点其实并不难，而且也能避免分离造成的麻烦。如果宝宝在见到陌生人时显得很紧张（这对6~12月龄的宝宝来说很正常），那最好不要将宝宝交给陌生人来抱。

当你有事需要离开一会儿时，应该与宝宝说声"再见"。要是你趁宝宝不注意时

偷偷溜掉，只会降低他/她对你的信任。不过，说再见时要注意言辞简洁，同时要显得很开心而且心情平静。要是你显露出不安或是焦虑，那么宝宝的不安情绪只会越来越严重。每次最好都使用相同的话语（也可以伴随一个动作）来和宝宝道别。比如，如果你要去别的房间取东西，你可以举起一个手指，和宝宝说："一分钟。"若离开的时间较长，则可以弯下腰亲宝宝一下，然后说："待会见。"

偏食

现在你的宝宝可以吃的食物品种不断增多，宝宝需要从植物油中摄取植物脂肪，但是要控制油的摄入量。这个月龄的宝宝只要10毫升就够了。妈妈要注意不要养成宝宝偏食的习惯。要纠正宝宝不爱吃菜的习惯，妈妈需注意以下四大原则：

- 🍄 1.让宝宝少吃零食，特别是膨化食品。
- 🍄 2.不要让宝宝意识到自己不爱吃菜。
- 🍄 3.换各种方式来烹调。
- 🍄 4.饭前不给宝宝吃其他食物。

喜欢拿小东西

这个月的宝宝有可能会将瓶盖打开，并且还将捏起的小东西送进嘴巴里，所以一定要把家里的小东西和药物都收好，不要让宝宝轻易拿到，以防宝宝吞食。

也要注意检查宝宝的衣服，最好不要选用有纽扣和有小配件的衣服；玩具也要注意检查是否有零件脱落。

12个月宝宝的生理特征

宝宝就快满周岁了！过了本月，宝宝就告别婴儿期了，开始进入幼儿期了。

🍄 12个月宝宝的身体特点

体重、身高及头围

本月男宝宝的平均体重是9.1～11.3千克，女宝宝为8.5～10.6千克，一般情况下，全年体重可以增加6.5千克。

男宝宝平均身高是73.4～88.8厘米，女宝宝为71.5～77.1厘米，宝宝在这一年大约会长高25厘米。

这个月宝宝的头围增长速度和上个月一样，依然是增长0.67厘米。一般情况下，全年头围可增长13厘米。满周岁时，如果男宝宝的头围小于43.6厘米，女宝宝的头围小于42.6厘米，则认为是头围过小，需要请医生检查，看发育是否正常。另外，在1岁半左右，宝宝的囟门将全部闭合。

🍄 12个月宝宝的几项能力

语言能力

此时宝宝对说话的注意力日益增加。能够对简单的语言要求做出反应。对"不"有反应。会利用简单的姿势例如摇头代替"不"。会利用惊叹词，例如"噢"。喜欢尝试模仿词汇。

运动能力

12个月宝宝的本领越来越大了。这时的宝宝已经能够独自站立，并且不用大人搀扶着也能走几步了，绕着家具走的行动也更加敏捷，弯腰、招手、蹲下再站起的动作更是不在话下。有些走路早的宝宝在这个时候已经可以自己走路了，尽管还不

太稳，但对走路的兴趣很浓，并且在走路时双臂能上下前后运动，能牵着大人的手上下楼梯。

情绪和社交能力

开始对小朋友感兴趣，愿意与小朋友接近、玩游戏。自我意识增强，开始要自己吃饭，自己拿着杯子喝水。可以识别许多熟悉的人、地点和物体的名字，有的宝宝可以用招手表示"再见"，用作揖表示"谢谢"。会摇头，但往往还不会点头。

现在一般很听话，愿意听大人指令帮忙拿东西，以求得赞许，对亲人特别是对妈妈的依恋也增强了。

认知能力

此时宝宝仍然非常爱动。在宝宝周岁时，他/她将逐渐知道所有的东西不仅有名称，而且也有不同的功用。你会观察到他/她将这种新的认知行为与游戏融合，产生一种新的迷恋。例如，他/她不再将一个玩具电话作为一个用来咀嚼、敲打的有趣玩具，当看见你打电话时，他/她将模仿你的动作。

此时宝宝也许已经会随儿歌做表演动作了。能完成大人提出的简单要求。不做大人不喜欢或禁止的事。隐约知道物品的位置，当物体不在原来的位置时，他/她会到处寻找。已经具备了看书的能力，可以认识图画、颜色，指出图中所要找的动物、人物。当然，这需要妈妈的指导和协助。

🍄12个月宝宝常见问题及处理

睡眠问题

通常情况下，12个月的宝宝每天晚上会睡10～12小时，然后在白天再睡两觉，每次1～2小时。不过，每个宝宝的睡眠时间长短差异性仍然比较大。

有的宝宝到了这个月龄，"夜猫子"的个性开始显现，晚上到了睡觉时间仍不愿意上床，入睡时间往后拖延，或者长时间难以入睡。虽然此时的宝宝不至于到了晚上八九点就必须睡觉，但睡觉时间最好也不要超过10点，所以到了10点左右的时候，爸爸妈妈最好是开始做睡眠准备并按时入睡，这会使宝宝慢慢习惯晚上10点睡觉。当然，睡前一套睡眠准备工作也很重要，包括和宝宝做做简单温和的小游戏，放上舒缓的助眠音乐等。如果宝宝依然不肯乖乖入睡的话，爸爸妈妈不妨让宝宝安静地待会儿，同时把室内光线调暗或干脆关上灯，不要去打扰宝宝，这样过不了多久，宝宝就能睡着了。

还没出牙

牙齿的萌出与遗传和营养有关，发育较慢的宝宝出牙时间就晚，如早产儿、先天性营养不良的宝宝和人工喂养的宝宝，就有可能在这个时候依然不出牙。只要宝宝非常健康、运动功能良好，爸爸妈妈就不用太过担心，只要注意合理、及时地添加泥糊状食物，多晒太阳，就能保证今后牙齿依次长出来。

但是，如果宝宝到了1岁半的时候还不出牙，就要注意查找原因了。最常见的是佝偻病，这种病除了迟迟不出牙以外，还能看到明显的身体异常，如骨骼弯曲、头部形状异常等。除此之外，还有一种罕见的疾病——先天性无牙畸形，这种患儿不仅表现出缺牙或无牙，而且还有其他器官的发育异常，如毛发稀疏、皮肤干燥、无汗腺等。如果12个月龄宝宝还不出牙，建议爸爸妈妈仔细观察宝宝有无发育异常的状况，如果没有的话不妨再耐心等待几周。如果宝宝过了周岁生日之后还迟迟不见出牙，也可以到医院就诊，这样不仅大人放心，对宝宝也比较好。

告别安抚奶嘴

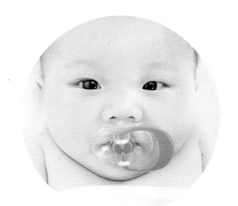

如果宝宝还在使用安抚奶嘴，现在是时候停掉了。要拿走宝宝的安抚奶嘴可能很困难，不要紧，可以慢慢来：先在白天让他/她尽量少用奶嘴，然后，再设法帮他/她练习不含奶嘴睡觉。你也可以试着用毛绒动物或其他玩具来代替橡皮奶嘴。

寄生虫

对蛔虫病的防治，应采取综合性措施。包括查治病人和带虫者，处理好粪便、管好水源和预防感染等。同时要注意饮食卫生和个人卫生，做到饭前、便后洗手，不生食未洗净的蔬菜及瓜果，不饮生水，防止食入蛔虫卵，减少感染机会。

呕吐

一般的呕吐多见于胃肠感染、过于饱食和再发性呕吐；急性胃炎、急性肠炎引起的呕吐，多伴有腹泻和腹痛；平时积痰多，胸中呼噜呼噜发响的宝宝，在晚饭后刚要睡下时，也可能由于发作一阵咳嗽并呕吐起来；吃了某些药物后，胃肠不适也可能引起呕吐。如果宝宝的呕吐是胃食管反流引起的，可以让宝宝头呈侧俯卧位，每次20分钟，每日2~4次，以降低反流频率，减少呕吐次数，防止呕吐物误吸，避免吸入性肺炎及窒息的发生。

如果宝宝出现喷射状呕吐，即吐前无恶心，大量胃内容物突然经口腔或鼻腔喷出，则多为幽门梗阻、胃扭转及颅内压增高问题，需要立即就医。此外，这种喷射状呕吐也多出现在脑部撞伤、摔伤或有外伤的情况下。如果呕吐的同时，宝宝不发热，但有严重的腹痛，并突然大声啼哭，表情非常痛苦，持续几分钟便停止，隔几分钟后又像之前一样哭闹，重复多次，就要想到肠套叠。肠套叠是婴儿一种较为严重的疾病，需要立即就医治疗。

顽固湿疹

随着乳类食物摄入的减少、多种食物的增加，大多数宝宝在婴儿期的湿疹到了快周岁的时候基本就都能痊愈了。也有些宝宝到这时候湿疹仍然不好，并且从最初的面部转移到了耳后、手足及身体的其他部位，变成苔藓状湿疹。

这种顽固性湿疹不愈的宝宝，多数都是过敏体质，当吃了某些致使过敏的食物之后，湿疹会明显加重。多数含蛋白质的食物都可能会引起易过敏宝宝皮肤过敏而发生湿疹，如牛奶、鸡蛋、鱼、肉、虾米、螃蟹等。另外，灰尘、羽毛、蚕丝以及动物的皮屑、植物的花粉等，也能使某些易过敏的宝宝发生湿疹。

除了过敏体质以外，缺乏维生素也会造成湿疹不愈。此外，宝宝穿得太厚、吃得过饱、室内温度太高等也都可使顽固不愈的湿疹进一步加重。

关于湿疹的治疗，目前还没有一种药物可以根治，尤其是外用药，一般只能控制和缓解症状而已。如果宝宝此时湿疹仍然不愈，应首先到医院请医生诊断出具体原因，然后视情况决定治疗的方式。

厌食

厌食是指较长期的食欲减退或消失的现象，婴儿厌食有病理性和非病理性两种。实际上，由于疾病造成的厌食是比较少见的，而由不良的饮食习惯和喂养方式造成的非病理性厌食占绝大多数。

当宝宝出现厌食现象时，先要排除疾病的可能，确定无任何疾病之后，就要从喂养方式和饮食习惯上找原因。只要做到及时改变不良的生活习惯，如控制零食的摄入，饮食有节制，不偏食、不挑食，合理搭配摄入的食物等，厌食的现象就能逐渐好转。另外，宝宝的食欲与其精神状态密切相关，所以要为宝宝创造一个安静的就餐环境，固定宝宝的吃饭场所，吃饭的时候不要逗宝宝，不要分散宝宝的注意力，让宝宝认认真真地吃饭。

可以在医生指导下，给厌食的宝宝适当服用具有调理脾胃、促进消化吸收功效的中西药，但不要盲目给宝宝乱服药或保健品，更不要一看到宝宝厌食就急忙补锌，否则有可能会适得其反。另外，炎热的夏天往往会让宝宝食欲减退，体重出现暂时的不增加或稍有下降，也就是出现了所谓的"苦夏"。这种季节性的食欲减退是正常的现象，只要宝宝精神状态良好、无任何异常反应，爸爸妈妈就不需要过分担心。

疝气

疝气，即人体组织或器官一部分离开了原来的部位，通过人体间隙、缺损或薄弱部位进入另一部位，俗称"小肠串气"。疝气有两种，发生在脐部的叫脐疝气，发生在腹股沟的叫腹股沟疝气，主要是胚胎发育缺陷造成的。

脐疝气发生得较早，一般在2~3个月就能发现，多数情况下在1岁左右都能自然痊愈。但如果此时还不见好转的话，以后自然痊愈的可能性也比较低，可以等到宝宝两三岁的时候去看医生，由医生来决定需不需要通过手术治疗。

发热

宝宝的正常腋下体温应为36~37℃，只有超过37.4℃才可以认为是发热。高热时宝宝呼吸增快，出汗使机体丧失大量水分，所以父母在宝宝发热时应给他/她充足的水分，增加尿量，可促进体内毒素排出。宝宝发热时最好不要随便吃药，因为宝宝的发热原因不明，随便用药可能会影响医生诊断。

如果想给发热的宝宝降温，可以采用温水擦浴，用不漏水的塑料袋盛冰块外裹干毛巾敷头、颈，还可加敷腋窝和腹股沟等处。不提倡用冷水或酒精等擦浴。

10～12个月的宝宝如何护理

　　10～12个月的宝宝，已经临近了与婴儿时代告别的时刻。此时，宝宝每天能吃三顿断乳食物，咀嚼能力增强，已经开始学习走路，跟爬行时期相比，视野更加开阔，手脚更加灵活，更加淘气。这也意味着宝宝的危险性逐渐增加。因此，在日常生活中，父母要特别注意对宝宝的安全护理。

🌸 宝宝常见问题护理

如何给宝宝喂药

　　宝宝在出生后不久，就已具备辨味能力了，他们喜欢吃甜的东西，而对苦、辣、涩等味道会做出皱眉、吐舌的动作，甚至会哭闹而拒绝下咽，因此给宝宝喂药是件令家长头疼的事情。给0～12个月的婴儿喂药的最好方法是将药溶入宝宝奶瓶中喂食。如果药是液体的，需要用勺子和滴管喂，而且一定要给喂药工具消毒。使用滴管时，要把婴儿抱在肘窝下，使其头部稍微抬高一些，把需要喂的药吸到滴管中，然后把滴管插入婴儿口中，轻轻挤压橡皮囊。另外，吃药时不要让婴儿平躺着，那样吞咽比较困难。

　　如是片剂可用两个勺子将其捣碎。若婴儿不喜欢药物的味道，可以将药溶于少量的糖水里，先喂糖水或奶，然后趁机将已溶于糖水或奶的药喂入，再继续喂些糖水或奶。不管婴儿怎样啼哭，一定要保持镇定的情绪坚持让婴儿把药吃完。

乳牙龋齿的预防

　　预防龋齿应从宝宝开始。婴儿在7个月左右就长了第一颗乳牙，有的较早至三四个月，有的晚到九十个月，都无须惊讶担心。满1岁前，一般可长出6～8颗乳牙。

保护婴儿乳牙要注意这几点：长牙期应多补充钙和磷（乳和奶酪）、维生素D（鱼肝油和日光）、维生素C（柑橘、生西红柿、卷心菜或其他绿色蔬果），其他如维生素A或B族维生素也应注意补充。控制甜食，食物中如需加糖，最好使用未经精制的红糖或果糖。睡前饮些开水，并使用婴儿牙刷清洁口腔乳牙，刷时应由牙龈上下刷，不要左右横刷，以免釉质受损，产生龋齿。纠正吸吮手指及口含食物入睡等不良习惯。另外，婴儿食物要多样化，以提供牙齿发育所需要的营养物质，还要注意多咀嚼粗纤维性食物，如蔬菜、水果、豆角、瘦肉等，咀嚼时这些食物中的纤维能摩擦牙面，去掉牙面上附着的菌斑。

婴儿口腔溃疡

口腔溃疡是指口腔黏膜表面发生的局限性破损。发生口腔溃疡时，进食会使疼痛加重，使婴儿不敢吃东西，父母看到后会万分焦急。引起口腔溃疡的因素是多方面的，有全身性的，如睡眠不足、发热、疲劳、消化不良、便秘和腹泻等，也有局部性的原因，如由先天齿、新生牙所造成的舌系带两侧的溃疡，吸吮拇指、橡胶奶头、玩具而造成的上颌黏膜溃疡，由于咬舌、唇、颊等软组织引起的所谓"自伤性溃疡"。溃疡开始发生时，大部分为小红点或小水疱，以后破裂成溃疡。溃疡周围会红肿充血，中央则微微凹陷，可有灰白色或黄白色膜状物。溃疡的愈合有个过程，一般需要7～10天恢复，在这期间父母需要给婴儿吃一些清淡的食物，不要让婴儿吃过烫或刺激性食物，以免加剧疼痛。不过可以在婴儿吃饭前用1%普鲁卡因液涂在溃疡面上，以减轻婴幼儿吃饭时的疼痛。对溃疡的治疗，除局部应用抗感染药物外，去除疾病的刺激因素和不良习惯也很重要。

婴儿入睡后打鼾

宝宝的正常呼吸应是平稳、安静且无声的，所以当婴儿睡觉时若呼吸出声，自然会引起父母特别的关注。

如果面部朝上而使舌头根部向后倒，半阻塞了咽喉处的呼吸通道，以致气流进出鼻腔、口咽和喉咙时，附近黏膜或肌肉产生振动就会发出鼾声。而宝宝长期打鼾，最常见的原因则是扁桃体和增殖腺肥大，其他的原因包括鼻子敏感和患了鼻窦炎。体胖也是主因之一。另外，宝宝长期打鼾与父母遗传也有一定关系，长期打鼾的宝宝，父母常是鼻子敏感或鼻窦炎患者。

宝宝打鼾的处理方法：首先让宝宝保持睡姿舒适，对于打鼾的宝宝可尝试着让其头侧着睡，或趴着睡，这样舌头不至过度后垂而阻挡呼吸通道。如果鼻口咽腔处的腺状体增生或是扁桃体明显肥大，宝宝打鼾严重，甚至影响睡眠质量和宝宝的健康，可考虑手术割除。当试用上述方法不见效时，要及时找医生仔细检查，看鼻腔、咽喉或下颌骨部位有无异常。

宝宝形成"八字脚"

"八字脚"就是指在走路时两脚分开像"八"字，是一种足部骨骼畸形，分为"内八字脚"和"外八字脚"两种。造成"八字脚"的原因是宝宝过早地独自站立和学走。因宝宝足部骨骼尚无力支撑身体的全部重量，从而导致宝宝站立时双足呈外撇或内对的不正确姿势。

为防止出现"八字脚"，不要让宝宝过早地学站立或行走，可用学步车或由大人牵着手辅助学站、学走，每次时间不宜过长。如已形成"八字脚"，应及早进行纠正练习，在训练时家长可在孩子背后，将两手放在孩子的双腋下，让孩子沿着一条较宽的直线行走，且行走时要注意使孩子膝盖的方向始终向前，使孩子的脚离开地面时持重点落在脚趾上，屈膝向前迈步时让两膝之间有一个轻微的碰擦过程。每天练习两次，只要反复练习，久而久之便可纠正"八字脚"。

宝宝开口说话晚

宝宝说话的早晚因人而异，通常宝宝12个月时会发简单的音，如会叫"爸爸""妈妈""奶奶""吃饭"和"猫猫"等。但也有的孩子在这个年龄阶段不会说话，甚至到了1岁半仍很少讲话，可是不久突然会说话了，并且一下子会说许多话，这都是属于正常的。

宝宝在5～6个月时，如唤其名字就会回头注视；7～9个月的宝宝听到叫其名字就会做出寻找反应，大人叫宝宝做各种动作（如欢迎、再见）时，他/她都能听懂并会做，这些都是宝宝对语言理解而做出反应的表现。而宝宝语言的发展是从听懂大人的语言开始的，听懂语言是开口说话的前提准备。若12个月左右的宝宝能听懂大人的语言，就能做出相应的反应，并会发出声音及说简单的词，这就可以放心了，学会说话只是迟早的问题。

影响语言发育的因素，除宝宝的听觉器官和语言器官外，还有外在的因素，所以大人要积极为宝宝的听和说创造条件，在照看宝宝时多和宝宝讲话、唱歌、讲故事，这都会促进宝宝对语言的理解，并且促使宝宝开口说话。特别需要提醒的是，许多对宝宝过分关注的妈妈，凭着母爱的本能和敏感性，总是在宝宝还没说出需要什么东西之前就抢先去满足宝宝的愿望。当宝宝发现不用说话也能满足自己的需要时，他/她也就懒得说话了。这种过度保护型的教养方式，让宝宝失去了许多开口说话的机会，其结果是宝宝开口说话晚，表达能力差。这是许多"爱心"妈妈应该注意的。

🍄 贴心呵护小宝宝

如何装修宝宝房间

儿童房间一直都是宝宝的欢乐天地，在这里，孩子可以尽情地玩耍。因此，在装修问题上，家长要考虑如何才能让宝宝生活得更开心、更健康。

宝宝房间的铺地材料必须便于清洁，不能够有凹凸不平的花纹、接缝。宝宝房间的地面适宜采用天然的实木地板，并要充分考虑地面的防滑性能。

室内色调应比较活泼。在设计儿童房时，应避免单调的纯白色调，可以根据孩子的年龄、喜好、性别设计得个性化一些，以增加趣味性。

在照明方面，照明灯光应柔和。合适的光线，能让房间温暖、有安全感，有助于消除孩童独处时的恐惧感。儿童房要有一盏主灯，能起到完全照明的作用。建议放置一些造型可爱、光线温馨的壁灯，还可以用灯具给孩子营造一种童话般的感觉。

设置一面墙作为涂鸦墙。宝宝喜欢随意涂鸦，可以在其活动区域的壁面上挂一块白板或软木塞板，让宝宝有一处可随性涂鸦、自由张贴的天地。

在宝宝房间装修过程中，要充分考虑到宝宝的安全防范措施。要注意家具的棱角外形，电线插头忌安置在低矮处，电线的布置要隐秘。

如何给宝宝选好鞋

给宝宝选鞋子，要注意柔软、舒适的程度和透气性，最好选择羊皮、牛皮、帆布、绒布的质地，而不要穿人造革或塑料制成的宝宝鞋子。刚学走路的宝宝鞋底应有一定硬度，不宜太软，最好鞋的前1/3可弯曲，后2/3稍硬不易弯折；鞋跟比足弓部应略高，以适应自然的姿势。另外，宝宝的骨骼很软，发育还不成熟，所以鞋帮要稍高一些，以后部紧贴脚，使踝部不左右摆动为宜。鞋子最好用搭扣，不用鞋带，这样穿脱方便，又不会因鞋带脱落，踩上跌跤。此外，宝宝的鞋底最好有防滑颗粒，防止宝宝滑倒。

宝宝的脚发育较快，平均每月增长1毫米，所以买鞋时，鞋子的长度应比宝宝实际的脚长出一指宽的距离，以利于脚的生长。同时，还要经常检查宝宝的鞋子是否合脚，一般2~3个月就应换一双新鞋。

宝宝开窗睡觉好处多

睡觉时，很多妈妈总喜欢关门闭窗，以免宝宝受寒着凉，结果往往事与愿违，这样反而不利于宝宝的健康。实际上，开窗睡觉是空气浴的一种应用形式，它能够让室内空气经常保持流通、新鲜，对宝宝的健康有益无害。

很多父母都觉得关窗睡觉可以避免宝宝受凉感冒，其实这是一种很不好的习惯。因为紧闭的房间中的空气非常混浊，氧气含量很低，二氧化碳含量却很高。婴儿正处于生长发育最佳时期，新陈代谢旺盛，每天所需的氧气比成人多，所以应尽量为宝宝创造空气新鲜的生活环境。

开窗睡觉可以让宝宝呼吸新鲜空气，刺激呼吸道黏膜，增强呼吸道的抗病能力，宝宝反而不易患伤风感冒。同时，开窗睡觉是锻炼宝宝的一种方式，因为面部皮肤和上呼吸道黏膜经过较低温度及微弱气流刺激后，可以促进血液循环和新陈代谢，增强体温调节功能。

宝宝的能力训练

10~12个月的宝宝已经开始由一个依赖于人的小婴儿进入幼儿阶段。宝宝身体和心智的发育都有了很大改变，开始显现个性，逐步形成自我意识，理解能力大幅度提升。这个时期，家长应对宝宝耐心早教，帮助宝宝茁壮成长。

语言训练

10~12个月是宝宝咿呀学语的黄金时段，能听懂故事、回答问题和学动物声音。10个月大的宝宝通常第一个说的词是"爸爸"或者"妈妈"。除此之外，还知道家里人的称呼、物品的名称、动物的叫声。所以爸爸妈妈应该把握好这个黄金时段，给宝宝适当的训练。

首先，模仿是孩子语言发育的一个重要阶段，必须靠听觉、视觉、语言运动系统协调活动。因此，让孩子看着色彩斑斓的音乐书，触摸发音键，再听听音乐书的动物发音，确实是宝宝协调运用眼、手、唇、舌、声带、脑等器官的最好训练。

其次多和孩子谈话，让宝宝观察嘴形。虽然这个阶段的宝宝不一定懂得父母在说什么，但父母不能因此就放弃了这个阶段的训练。父母应该多和宝宝玩游戏，多发出各种各样的声音，宝宝耳朵在听的同时，眼睛也在观察爸爸妈妈的嘴形，练习发音的气流和技巧。

另外，要适当鼓励和称赞宝宝。父母在陪孩子进行发音训练的时候，应当循循善诱，当宝宝发音不准或者发音不清，甚至不愿说的时候，不要责备宝宝，应该适当鼓励宝宝，或者暂时停止训练，分散宝宝的注意力，隔一段时间再继续训练。

个性的培养

想要孩子具有良好的个性，要从小培养。不同家庭的教育方式，会导致宝宝的不同个性。如果这时父母对孩子的行为方式过分纵容妥协，就会慢慢导致孩子的个性骄横任性。10~12个月的婴儿喜欢模仿，为了让婴儿形成良好的个性，大人的榜样作用非常重要，父母本身要加强自身修养，树立良好性格的典范，并为孩子创造一个良好的家庭环境。家庭教育要注意方式方法。在一个和谐的家庭中应注意说理，善于引导，对于好的行为要加以强化，如点头微笑、拍手叫好等；不好的行为要严肃制止，让孩子学会自制、忍耐。大人要多让婴儿与外界接触，克服"怕生"的情绪。

认知能力训练

这个阶段是婴儿的认知能力提高的重要时期，要让婴儿多看、多听，接触各种物体，通过自己的主动运动去探索性地认识这个奇妙的世界和自我。好奇心是婴儿认知发展的动力。对于孩子的好奇心，千万不能被"不能动、不能拿"给压抑了，只要没有危险，不会损坏重要的东西都可以让孩子玩，甚至可以准备一个日用品的抽屉，允许孩子将物体玩和扔。10~12个月的婴儿有了初步的记忆能力，能在帮助下调整自己的注意方向，你可以引导他/她共同注意某人、某物或某活动，通过共同注意，使他/她认识更多的周围人和事，学习有关的知识和经验。此外，寻找藏起来的物体或藏猫猫是这个年龄段感兴趣玩不腻的游戏，也是增强记忆力的好方法。

除了在日常生活中不断引导小儿观察事物，扩大孩子的视野外，还可培养孩子对图片、文字的兴趣，培养孩子对书籍的爱好。教孩子认识实物，可把几种东西或几张图片放在一起让小儿挑选、指认，同时教孩子模仿说出名称来。也可在婴儿经常接触的东西上标些文字，当婴儿接触到这些东西时，就引导他/她注意上面的字，增加他/她对文字的注意力和接触机会。

外出时，可经常提醒宝宝注意遇到的字如广告招牌、街道名称等。应尽早让婴儿接触书本，培养孩子对文字的注意力。教孩子识字应在快乐的游戏气氛中自然而然地进行，而不应该给孩子施加压力，硬性规定必须每日记多少字，以免造成孩子抵触心理。

社交能力训练

此时，婴儿已经有一定的活动能力，对周围世界有了更广泛的兴趣，有与人交往的社会需求和强烈的好奇心。因此，家长每天也应当抽出一定时间和孩子一起游戏，进行情感交流。一个乐观向上、充满爱心的家庭气氛，会使孩子幸福开朗，乐于与人交往。家长还应经常带孩子外出活动，让孩子多接触丰富多彩的大自然、接触社会，从中观察学习与人交往的经验，在婴儿与人交往过程中，应继续培养文明礼貌的举止、言语。

在日常生活中引导孩子主动发音和模仿发音，积极为婴儿创造良好的语言环境。让孩子学习用"叔叔""阿姨""哥哥""姐姐"等称呼周围熟悉的人。如成人问"这是什么"，让小儿回答。鼓励婴儿模仿父母的表情和声音，当模仿成功时，亲亲他/她，并做出十分高兴的表情来鼓励他/她。

🍄 10～12个月的宝宝游戏

宝宝10～12个月，可以玩哪些游戏呢？让我们一起来发现吧！

语言游戏

🍄 **活动方式：**

1.跟宝宝说个故事，内容可以自编，或曾经阅读过的绘本故事。

2.利用布偶来讲故事，将布偶当成主角，让宝宝喜欢听你所说的故事。

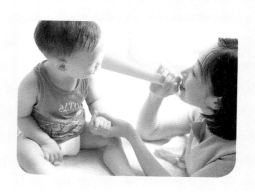

肢体游戏

🍄 **活动方式：**

1.将宝宝喜欢的玩具放在障碍物的另一边。

2.让宝宝跨越障碍物，爬行到玩具所在的位置。

3.可替换不同的障碍物来回多玩几次，请记住要根据宝宝的发展状况来设置适当的障碍物喔！

触觉游戏

● 活动方式：

　　1.将很多小玩具装在一起。

　　2.引导小宝宝将玩具分别拿出来，并最后让其放回原处。

打击游戏

● 活动方式：

　　1.为宝宝添置儿童小鼓等玩具，或者其他可以打击类玩具。

　　2.妈妈可以先给小宝宝示范怎么敲打小鼓，让小鼓发出好听的声音，然后指导宝宝自己进行敲打，但应注意动作要轻，避免宝宝小手受伤。

一起做游戏

🍄 **活动方式：**

1.拿出一些宝宝喜欢并适合玩的玩具。

2.让两个宝宝一起玩玩具，这样可以让宝宝学会与其他宝宝相处。

堆圈圈

🍄 **活动方式：**

1.可以先示范如何堆圈圈，再让宝宝操作。

2.试着让宝宝将圈圈堆高，或是放上又取下。

3.在使用圈圈时，请留意宝宝是否会在堆放过程中夹到手指。

10～12个月宝宝的饮食与喂养

10～12个月这个阶段，在饮食生活方面，婴儿已经基本结束了以喝母乳或奶粉为主的饮食生活。随着婴儿的成长，婴儿身体对营养的需求明显增大，咀嚼功能和肠胃消化功能都有了很大提高。

饮食与喂养原则

按计划喂断乳食物

要想在1周岁之前让孩子断乳，首先要制订详细的断乳计划，然后按照计划慢慢地改变每天的饮食习惯。即使是双胞胎，一种方法也不一定适合两个孩子。如果每天的生活有节奏，就比较容易，但是必须随机应变。在一周岁之前，把婴儿断乳期分为3个阶段。

1.第一阶段为出生4～6个月时，开始喂乳状食物。

2.第二阶段从6～7个月开始，婴儿就可尝试独自吃饭。

3.第三阶段从第9个月开始，可跟家人一起吃饭，且能吃跟家人一样的食物。

断乳应注意的问题

刚开始断乳时，最好在白天喂断乳食物，而且要在喂奶粉或喂母乳之前，即在婴儿处于饥饿状态下喂断乳食物。如果晚上喂断乳食物，会因为要消化食物，婴儿就睡不好觉。而且晚上妈妈也比较忙，因此最好在白天喂断乳食物。

然后逐渐增加断乳食物的量。开始断乳1周后，在喂奶粉或喂母乳前，最好喂4小勺断乳食物，而在早上只喂断乳食物，早餐最好选择谷类、牛奶和蛋黄。从第2周开始，可以喂蔬菜或果汁，但是不能突然增加断乳食物的量，必须慢慢地增加。

另外，大部分婴儿不喜欢在深夜或清晨吃断乳食物，但是在这个时期，婴儿每天都能吃3次断乳食物。夜间最好不要喂断乳食物。婴儿不吃饭直接就睡觉的情况下，只要安稳地睡觉，就不用叫醒他/她吃断乳食物。

根据季节给宝宝添加辅食

一年四季，气候各有不同，有春暖、夏热、秋燥、冬寒之特点，宝宝的饮食也要根据季节的轮换而进行适当调整。

春季，气候由寒转暖，万物复生，是传染病和咽喉疾病易发季节，在饮食上应清淡，主食可选用大米、小米、红豆等。春季蔬菜品种增多，除应多选择绿叶蔬菜如小白菜、油菜、菠菜等外，还应给宝宝吃些萝卜汁、生拌萝卜丝等。这样不仅能清热，而且可利咽喉，预防传染病。

夏季，气候炎热，体内水分蒸发较多，加之易食生冷食物，胃肠功能较差，此时不仅要注意饮食卫生，而且要少吃油腻食物，可多吃些瘦肉、鱼类、豆制品、咸蛋、酸奶等高蛋白食物，还可多食用新鲜蔬菜和瓜果。

秋季，气候干燥，也是瓜果旺季，宜食生津食物，可多给宝宝吃些梨，以防治秋燥。还要注意饮食品种多样化，不要过多吃生冷的食物。

冬季，气候寒冷，膳食要有足够的热量，可吃些牛肉、羊肉等厚味食物。避免食用西瓜等寒凉食物，同时要多吃些绿叶蔬菜和柑橘等。

婴儿应少吃冷饮

在炎热的夏天，吃适量的冰棍、雪糕等冷饮，能起到防暑降温的作用。但是过量的话，就不利于身体健康。婴儿的胃肠正处于发育阶段，胃黏膜比较娇嫩，过量食入冷饮可损伤胃黏膜，容易患胃肠疾病。另外，由于寒冷的刺激，可使胃黏膜血管收缩，胃液分泌减少，引起食欲下降和消化不良，因此，婴儿应少吃冷饮。

宝宝不宜多喝饮料

不少家长认为，市场出售的饮料味道甜美，夏季饮用方便，又富含营养，就把它作为婴儿的水分补给品，甚至作为牛奶替代品食用。这不仅会造成婴儿食欲减退、厌恶牛奶，影响正常饮食，还会使糖分摄入过多而导致虚胖，而且饮料中所含有的人工色素和香精，也不利于婴儿的生长发育。

婴儿每天需要一定量的水分供应，尤其在炎热的天气，出汗较多，水和维生素C、B族维生素丢失较多，可以用适量的牛奶、豆浆和天然果汁补充。蔬果汁又以西红柿汁和西瓜汁为佳，能清热解暑。饮用时将熟透的新鲜西瓜切成小块，剔除西瓜子后，放入洁净纱布中挤汁。做西红柿汁则需先将西红柿洗净，放入开水中烫一下，取出后剥去皮，切成块状，然后放纱布中挤汁，喂时可加少量白糖调味。

夏季婴儿以喝白开水为宜，水经过煮沸后，所含的氯含量减少了一半以上，但所含的微量元素几乎不变，水的各种理化性质都很接近人体细胞内的生理水。这些特性，使它很容易通过细胞膜，加速乳酸代谢，解除人体疲劳。

不宜吃过多的巧克力

宝宝不宜食用过多巧克力，这是因为巧克力含脂肪多，不含能刺激胃肠正常蠕动的纤维素，因此会影响胃肠的消化吸收功能。

其次，巧克力中含有使神经系统兴奋的物质，会使婴儿不易入睡、哭闹不安。此外，巧克力易引发蛀牙，并使肠道气体增多而导致腹痛。因此，婴幼儿不宜过多吃巧克力。

培养宝宝良好的饮食习惯

婴儿行为习惯培养包括日常早睡早起习惯培养。良好的生活习惯离不开好的引导方法。父母是孩子最初和最好的老师，因此对孩子进行正确地引导父母责无旁待。

纠正宝宝偏食的习惯

偏食是一种不良的饮食习惯，开始多发生在幼儿及儿童时期。偏食可导致某些营养素摄入不足或过剩，影响宝宝的生长发育和身体健康。预防宝宝偏食、挑食，首先应从家长做起，即家长自己首先不应该偏食，身教和言教并重，并且身教重于言教。为了发挥身教的作用，哪怕是家长平时不喜欢吃的营养食物，也要带头吃，以培养孩子吃的兴趣。

父母可以用一些故事或小游戏来刺激宝宝吃东西，也可以改变制作食物的方式，饭菜要常变花样，上下餐之间不要重样，让宝宝更有食欲。必要时应适度放权，让宝宝按自己的需要选择食物。给宝宝尽可能提供健康、丰富的食物，创造宽松、积极的进餐环境，在他们过于偏食时给予提醒。

训练宝宝独自吃饭的习惯

随着独立性的加强和活动量的增加，婴儿对食物的摄取量也会逐渐增多。从出生6个月开始，大部分婴儿都喜欢独自吃饭。这种情况下，应该鼓励婴儿独立吃饭的行为。因为婴儿独自吃饭容易弄脏周围环境和衣服，因此最好在地板上铺上报纸或塑料布，这样就容易打扫卫生。坐在椅子上吃饭时，必须牢固地固定椅子，防止婴儿从椅子上掉下来。

出生6~7个月的婴儿虽然没长出牙齿，但是能做出咀嚼食物的动作，因为他/她要更柔和地捣碎第一次接触的断乳食物，所以就必须这样做。

在这个时期，婴儿能掌握咀嚼食物的方法。如果不能选

用合适的食物，就容易失去让其得到锻炼的决定性同时也是最敏感的时机，今后易形成不良的饮食习惯。此外，随着独立性的加强，婴儿对断乳食物的认识和兴趣也会逐渐增强，因此他/她会经常用心看妈妈加工断乳食物，而且还未到就餐时间，也会高兴地呱呱叫。

不迁就不合理要求

随着孩子身心的发展，知识经验的增多，尤其是语言的发展使孩子逐渐能够表达自己的愿望和要求。但有时家长经常会碰到孩子提出一些不合理要求，比如拿剪刀玩、碰电器等，一旦被拒绝，他们往往会以哭闹相要挟。遇到这种情况，家长要冷静处理，说清楚拒绝他/她的理由并想办法转移孩子的注意力，使他/她在不知不觉中放弃原来的行为或愿望。

对许多父母来说，最难的其实还是将"不"的态度坚持到底。父母看孩子那样哭闹实在是不忍心，于是就满足了他/她的不合理要求。大哭大闹往往是孩子逼迫大人"就范"的主要手段。如果大人总是迁就他/她，孩子一哭就满足他/她的任何要求，就会使他/她认为只要一发脾气，一切都会如愿以偿。以后遇到类似情况，他/她更会变本加厉，愈闹愈凶，养成难以纠正的任性、不讲理的坏习惯。因此，最直接的办法就是一边制止孩子的动作，一边告诉孩子"不"。有的孩子在大人对他/她说"不"时，可能会故意装作没听见而继续重复之前的动作。这个时候，大人就需要用严肃的表情，让孩子知道"这样不行，爸爸妈妈不喜欢"。当孩子通过大人的表情和语气知道他/她的这种行为会令大人不快的时候，他/她就不会再继续了。

为了让大人的话更有分量，也不要太轻易而频繁地对孩子说"不"，应该在设定重要规矩的时候才用这个词，不然孩子就会听"疲"了，这些禁止的话也就失去了作用。无论孩子多么淘气和任性，都不应该体罚孩子，这是父母们应该注意的。

🍄10～12个月宝宝营养食谱

🍴◉ 青菜玉米面糊

◎ 原料

面粉20克，油菜叶30克，新鲜嫩玉米粒20克。

◎ 做法

① 将油菜叶洗净，切成碎末。

② 新鲜玉米粒洗净后也剁成泥。

③ 面粉加水拌匀，倒入锅中烧沸，下入玉米泥和油菜叶末，一同煮熟呈糊状即可。

🍴◉ 碎菜三文鱼粥

◎ 原料

青菜20克，三文鱼、大米各50克。

◎ 做法

① 大米淘净浸泡半小时。

② 青菜洗净切成细末，三文鱼洗净切细丁。

③ 将大米和水倒入锅中，大火煮沸，加入三文鱼丁，一同熬至米粒开花，加入青菜末，煮至粥稠菜烂即可。

虾仁玉米羹

◉ 原料

玉米粒100克，鲜虾仁80克，鸡蛋2个。

◉ 调料

食盐、水淀粉各少许。

◉ 做法

① 鸡蛋打入碗中，搅拌均匀，鲜虾仁去净泥肠，洗净后切成丁。

② 玉米粒入锅中煮熟，盛出后倒入搅拌机中，加少许水搅打成汁。

③ 将玉米汁倒入锅中烧沸，下入虾仁丁和鸡蛋液，边煮边搅匀，加少许食盐调味，用水淀粉勾芡后煮沸即可。

冬瓜鲜虾羹

◉ 原料

冬瓜100克，鲜虾100克，鸡蛋1个，高汤适量。

◉ 调料

盐少许。

◉ 做法

① 冬瓜去皮和瓤后剁成蓉，鲜虾去壳、肠泥后切丁，鸡蛋打散。

② 锅中注入高汤，烧沸后加入冬瓜蓉、虾丁，大火煮至食材熟透。

③ 加盐调味，淋入蛋液搅匀即可。

🍴◉ 烩豆腐

◉ 原料

嫩豆腐80克，胡萝卜、青菜叶、鲜香菇各20克，鱼汤适量。

◉ 调料

水淀粉、食盐各少许。

◉ 做法

① 将嫩豆腐洗净，切成小块。
② 胡萝卜去皮，青菜叶洗净，鲜香菇去根洗净，均切成末。
③ 锅中加入鱼汤烧开，下入豆腐块、胡萝卜末、青菜叶末、鲜香菇末，一同煮至熟软后用水淀粉勾芡，加少许食盐调味即可。

🍴◉ 紫薯泥

◉ 原料

紫薯150克。

◉ 做法

① 将紫薯洗净，去皮，切成块。
② 将紫薯放入锅中蒸至熟软。
③ 趁热压成泥即可（如果太干还可加高汤或米汤拌和一下）。

南瓜奶酪

◉ 原料

南瓜120克，葡萄干20克，奶酪2小匙。

◉ 做法

① 葡萄干洗净后用热水浸泡一下，沥干水后切碎末。

② 将南瓜去皮、去子洗净，切成小块，入锅中蒸熟。

③ 将南瓜块装入碗中，加入葡萄干末、奶酪，拌匀即可食用。

鱼泥豆腐苋菜粥

◉ 原料

鱼肉40克，嫩豆腐30克，苋菜嫩叶20克，大米40克。

◉ 调料

食盐少许。

◉ 做法

① 嫩豆腐洗净切细丁，苋菜嫩叶用开水烫后切细碎。

② 鱼肉洗净煮熟，捞出去皮和刺，放入研磨器压碎成泥；大米淘净浸泡半小时后倒入锅中，煮至米粒开花，加入豆腐丁、苋菜碎、鱼肉泥煮5分钟，再加入少许食盐调味即可。

🍴 三文鱼南瓜泥

⊙ 原料

三文鱼50克，南瓜150克，清汤适量。

⊙ 做法

① 将三文鱼洗净，去皮和刺，剁成泥。
② 将适量清汤倒入锅中烧沸，下入三文鱼煮至熟。
③ 南瓜去皮、去子，洗净后切成块，入锅中蒸熟，压成泥。
④ 将南瓜泥和三文鱼泥拌匀即可。

🍴 鸡肉土豆南瓜羹

⊙ 原料

鸡肉蓉100克，南瓜、土豆各50克。

⊙ 调料

食盐少许。

⊙ 做法

① 土豆、南瓜均去皮，洗净，切小块。
② 将南瓜块、土豆块放入锅中，倒入水中煮至熟软，再加入鸡肉蓉，边煮边用铲背压散南瓜和土豆，煮至鸡肉熟汤汁香浓即可。可酌量加少许食盐调味。

⦿▮ 三色蔬菜面疙瘩

⊙ 原料

面粉80克,菠菜100克,胡萝卜150克,土豆150克,高汤200毫升。

⊙ 调料

盐适量。

⊙ 做法

① 菠菜洗净,胡萝卜与土豆分别去皮,然后切成丁,分别放入开水锅中煮软,捞出后分别用果汁机搅打成泥。

② 往菠菜泥、胡萝卜泥、土豆泥中加入适量面粉拌匀呈糊状。锅中放入高汤烧开,用勺挖取各种蔬菜面糊放入锅中,煮熟后呈疙瘩状,加盐调味即成。

⦿▮ 水果面包粥

⊙ 原料

面包半个,桃汁适量,苹果、芒果、橘子各20克。

⊙ 做法

① 面包去硬边,再切成均匀的小碎块。

② 苹果、芒果、橘子分别去皮切成小块。

③ 将桃汁和面包块放入锅中煮沸,下入切好的苹果块、芒果块、橘子块煮开即可。

鱼肉饼

原料

鱼肉50克,鸡蛋1个。

调料

食盐、生粉、清汤各少许。

做法

① 将鱼肉洗净,去净骨刺剁成泥,鸡蛋打入碗中搅拌均匀。

② 将鱼泥放入鸡蛋碗内,加入食盐、少许生粉和清汤拌匀,制成小圆饼状,再上笼蒸熟即可。

水果豆腐

原料

日本豆腐2根,猕猴桃、橘子、圣女果各少许。

做法

① 日本豆腐切成块,入锅中焯烫2分钟,捞出摆入盘中。

② 猕猴桃、橘子去皮,圣女果去皮、去子,都切成小丁。

③ 将水果摆在豆腐块上即可。

🍽 豌豆苗蛋黄面

◉ 原料

鸡蛋1个，豌豆苗10克，婴儿面条少许，清汤适量。

◉ 做法

① 将鸡蛋煮熟，取蛋黄压碎成末。
② 豌豆苗取嫩叶洗净，焯烫后切碎。
③ 面条放入清汤中煮熟，捞出加入豌豆苗和蛋黄拌匀，再淋入少许汤汁即可。

🍽 生菜鸡肉面

◉ 原料

生菜30克，鸡肉20克，龙须面30克。

◉ 调料

食盐少许。

◉ 做法

① 生菜洗净后切成末，龙须面剪短备用；将鸡肉洗净，入水中煮熟，捞出切成末；
② 净锅放适量水烧沸，下入龙须面煮熟，再下入鸡肉末和生菜末，最后加少许食盐调味即可。